KB138690

우주를 읽는 키워드,

# 물리상수
# 이야기

# 우주를 읽는 키워드,
# 물리상수 이야기

**4대 물리상수 $c, G, e, h$ 로 그려 보는 우주 그리고 우리**

고타니 다로 지음 | 윤재 옮김

초사흘달

# 시작하며:
## 우주를 이해하는 실마리가 되어 준 특별한 값

___

물리상수란 무엇일까요? 많은 사람에게 물리상수는 과학 교과서에 나오는 바람에 고생스럽게 암기해야 했던 값일지 모릅니다. (그리고 시험이 끝나자마자 머릿속에서 사라져 그 사람의 인생에서 퇴장했겠지요.) "그런 단어 처음 듣는데요?" 이렇게 반응하는 사람들도 간혹 있습니다. (마치 물리상수의 존재 자체를 지운 듯이 말입니다.)

반면에 "그거 평소에 자주 쓰잖아요?"라고 말하는 사람들도 있습니다. 음속을 이용해서 밤하늘을 수놓는 불꽃과 나 사이의 거리를 구하고, 중력가속도를 이용해서 롤러코스터의 속도를 구하는 부류의 사람들이지요. (그리고 물어본 적도 없는 계산법을 줄줄 설명하기 시작합니다.)

물리상수는 우리의 일상부터 우주 저편에 이르기까지, 세상모든 현상을 지배하는 법칙에 관여하는 물리량들을 수치로 나타낸 것입니다. 이 세상을 지금과 같은 모습으로 만들어 낸 주춧돌이라고 말할 수 있지요. 그렇기에 물리상수는 인류가 우주를 해석하기 위해서 사용하는 키워드이기도 합니다. 인류는 물리상수가 뜻하는 바를 알고자 이리저리 머리를 굴리고, 그 값을 측정하는 과정을 거치면서 비로소 우주가 어떻게 지금처럼 이루어졌는지 조금씩 이해하기 시작했습니다.

가령 '광속 $c$'는 1초 동안 지구를 일곱 바퀴 반이나 돌 수 있는 맹렬한 속도를 나타내는 물리상수입니다. 광속의 놀라운 점은 그 어떤 물질이나 기계도 이 속도를 따라잡지 못한다는 것입니다. 광속이 우주의 최대 제한 속도임은 상대성 이론으로 도출됩니다.

다음으로 '만유인력상수 $G$'는 매우 미약한 물리상수입니다. 그래서 만유인력(중력)의 효과는 지구처럼 거대한 질량을 가지지 않고서는 좀처럼 드러나지 않습니다. 그러나 지구 정도는 비할 바도 못 되는 거대한 질량들이 수없이 존재하는 곳이 바로 우주입니다. 따라서 우주라는 괴물의 중력은 시간을 쪼그라뜨리고 공간을 쭉 늘리며 광선마저도 흐늘흐늘 휘게 만들어 버리지요.

또 '기본전하량 $e$'는 전기 현상을 일으키는 전자라는 작은 알갱이가 가진 전기적인 성질을 이야기해 줍니다. 전기 현상은 번쩍하는 불꽃으로 우리를 겁주거나 찌르르한 장난을 치기도 하지만, 동시에 우리에게 밥을 지어 주고 바삐 돌아다니며 바닥 청소를 도맡기도 하는 등 다채로운 활약상을 보여 주고 있지요. 이 모두가 전자(와 양성자)의 작용입니다. 전자는 인류가 발견한 최초의 기본 입자이며, $e$는 기본 입자들을 이해하는 실마리입니다.

'플랑크상수 $h$'는 수수께끼의 물리상수입니다. 이 상수를 만나고 인류는 이것의 정체가 무엇인지를 고민하는 과정에서 양자역학이라는 학문을 만들어 냈습니다. 양자역학은 원자나 전자와 같은 미시적인 물체들의 행동을 밝혀내고, 레이저와 원자력, 전자공학 등 현대 사회를 떠받치는 모든 과학 기술을 만들어 냈지요. 이에 더해 우주의 시작도 설명할 수 있을 것으로 기대를 모으고 있습니다. 그날이 올 때까지 인류는 플랑크상수의 정체에 관해서 끊임없이 고민을 거듭할 것입니다.

이 네 가지 물리상수를 이해하려면 상대성 이론부터 입자물리학까지, 인류가 지금까지 알아낸 우주에 관한 지식 전부가 필요합니다. 반대로 생각하면 이 4대 상수를 설명함으로써 우주에 관한 지식을 모조리 이야기할 수 있다는 뜻이기도 합니다. 바로 그 생각이 이 책을 쓰는 동기가 되었습니다.

그런데 물리상수는 인류가 이해하든 못하든 아무런 영향을 받지 않는 값입니다. 따라서 인간을 전혀 언급하지 않고도 물리상수에 관한 이야기는 계속 이어 나갈 수 있습니다. 그러나

시작하며. 우주를 이해하는

우주뿐 아니라 우주의 법칙을 밝혀낸 인간들의 행위 자체도 매우 흥미로운 만큼, 이 책에서는 물리상수와 관련한 인간의 모습까지 함께 돌아보고자 합니다.

격동의 시대에 태어나서 시대를 움직이는 주역이 되었던 천재 아인슈타인의 의외성 넘치는 모습, 연날리기 실험으로 잘 알려진 지적인 정치인 겸 과학자 프랭클린이 저지른 통한의 실수, 괴짜 과학자 캐번디시의 미워할 수 없는 기행 등도 중간중간 살펴보도록 합시다.

그럼, 이제부터 물리상수를 실마리 삼아 이 우주가 어떻게 이루어졌는지, 인간은 이를 어떻게 발견해 왔는지 이야기해 보겠습니다. 물리상수를 잘 모르는 사람도 읽을 수 있도록 쉽게 설명하겠다는 다짐을 마음에 새기며 썼지만, 물리와 상수를 사랑해 마지않는 과학 애호가들에게도 새로운 발견을 안겨 주는 책이 되리라 생각합니다.

# 차례

## 2장 | 만유인력상수 *G*로 이해하는 우주의 구조

## 3장 | 기본전하량 $e$로 이해하는 기본 입자

## 4장 | 플랑크상수 $h$로 이해하는 양자역학

**일러두기**

* 이 책은 2020년 12월부터 2022년 7월까지 일본 겐토샤 출판사의 웹 매거진 〈겐토샤 plus〉에
  연재했던 글을 보완해 엮은 것입니다.
* 각주는 옮긴이가 본문 내용의 이해를 돕기 위해 보충한 것입니다.

# 광속 $c$로 이해하는
# 특수 상대성 이론

## 우주 어디에서 측정해도 변하지 않는 양

본격적으로 시작하겠습니다. 물리상수physical constant란 무엇일까요? 가장 먼저 꼽을 수 있는 물리상수의 특징은 '누가, 우주 어디에 가서 측정하더라도 변하지 않는 양'이라는 점입니다. 바로 그런 물리량을 물리상수라고 부르기 때문입니다.

먼저 살펴볼 것은 광속speed of light, 즉 빛의 속도입니다. '빠른 속도'라는 뜻을 가진 라틴어 켈레리타스celeritas의 머리글자를 따서 소문자 $c$로 표시합니다. 광속은 이 책에서 다루는 네 가지 물리상수 가운데 인류가 가장 먼저 측정한 물리량이라 할 수 있습니다.

광속을 측정하려는 시도는 아주 옛날부터 있었지만, 극도로 빠른 빛의 성질 탓에 쉽게 성공하지는 못했습니다. 초기의 광속 측정은 방법도 소박했고 오차도 컸습니다. 그런데 점차 측정 방법이 발전하면서 정밀도가 높아지자, 이해하기 힘든 광속의 성질이 드러났습니다. 측정 장치가 가만히 멈춰 있든 계속 움직이든, 광속이 똑같이 측정된 겁니다. 어찌 된 영문인지 알 수 없었던 연구자들은 머리를 쥐어뜯었죠.

사실 이 현상은 '광속은 변하지 않는다'는 우주의 기본 원리가 드러난 것이었습니다. 아인슈타인은 이 원리(광속 불변 원리)를 바탕으로 특수 상대성 이론special theory of relativity에 도달했는데, 특수 상대성 이론은 우리가 시간과 공간을 바라보는 방식을 완전히 뒤집은 혁신적인 물리학 이론이었습니다.

광속은 언제 어디서나 변하지 않는 물리상수의 하나입니다. 그러니 누가 어디서 측정하더라도 같은 값이 나옵니다. 그런데 인류는 로켓을 타고 달에 가 본 것이 고작입니다. 인류가 우주에 보낸 탐사기들도 실상은 우주 한구석인 태양계에서 어슬렁거리고 있는 것에 지나지 않지요. 광활한 우주는 거의 다 미지의 세계인데, 어떻게 그런 곳에서도 광속이 변하지 않을 거라 장담할 수 있을까요?

우주에서 지구로 도착하는 빛을 망원경으로 관찰하면 우주 어디에서나 광속이 변하지 않음을 알 수 있습니다. 만약 우주 공간 어딘가에 광속이 다른 영역이 있었다면 그곳에서는 무슨 일이 벌어졌을까요? 흥미진진한 현상들이 다양하게 일어났겠지만, 첫눈에 알아볼 수 있는 것은 광선이 휘거나 꺾이는 현상이었을 겁니다. 즉, 우주에 광속이 다른 영역이 있다면 그곳의 천체는 뒤틀리거나 비뚤어진 모습으로 보일 겁니다. 마치 물이 가득 담긴 유리컵 너머 풍경이나 인물의 모습이 기묘하게 일그러져 보이는 것처럼 말입니다. 따라서 망원경을 이용해 그런 모습의 천체가 있는지 조사해 보면 우주 공간에 광속이 다른 영역이 존재하는지를 알 수 있습니다. (혼란스러울 수 있지만, 사실 우주에는 중력의 효과로 광선이 휘어서 천체가 뒤틀리거나 비뚤어진 곳들이 있습니다. 그러나 이 책에서는 일단 광속이 우주에서 보편적인 물리상수임을 설명하는 데 중점을 두겠습니다.)

인류는 이렇게 천체의 현상들을 관찰해 지구에서 몇만, 몇억 광년 떨어진 머나먼 곳에서도 광속은 모두 같다는 사실을 알아냈습니다.

아쉽게도 인류는 아직 지구 밖의 지적 생명체를 만나 본 적이 없지만, 드넓은 우주 어딘가에 살고 있을 그들도 천문 현상들을 관측하고는 우리와 마찬가지로 '광속은 우주 어디에서나 같다'는 결론을 내렸을 겁니다. 다시 말해 광속은 누가 어디서 측정해도 같습니다.

(만약 외계인과 대화하는 날이 찾아온다면 소통을 위한 언어가 필요할 것입니다. 우선은 서로가 공통으로 아는 것들을 가리키며 그것을 뭐라고 표현하는지 상대방에게 가르쳐 주는 일이 첫걸음이 될 테지요. 그때, 우

주 어디에서나 똑같은 광속이 공통의 어휘로 사용될 것은 자명합니다. 이 책에서 설명하는 만유인력상수와 기본전하량 등의 기초 물리상수들도 모두 높은 확률로 그들과의 대화에 필요한 기초 단어가 될 겁니다.)

## 4대 상수는 위대한 물리상수

여기까지, 물리상수가 우주 어디에서도 변하지 않는 양이라는 점을 설명했습니다. 그런데 실제로는 '물리상수'라는 단어를 그렇게까지 엄밀하게 구분해 쓰지 않는 경우도 많아서, 때와 장소에 따라 값이 변하는 물리량도 물리상수로 부르기도 합니다.

손에 들고 있던 달걀을 떨어뜨리면 중력에 의해 낙하하므로 바닥을 청소할 필요가 생깁니다. 달걀이 손에서 떠난 시점의 낙하 속도는 0이지만, 바닥에 닿는 시점의 속도는 3m/s 정도 됩니다. 낙하 속도가 워낙 순식간에 붙기 때문입니다. 이렇게 중력의 영향으로 낙하 속도가 증가하는 것을 중력가속도 gravitational acceleration(기호는 $g$)라고 하는데, 중력가속도 역시 물리상수의 하나로 보기도 합니다.

그러나 중력가속도는 북극에서의 값과 적도에서의 값이 다릅니다. 북극에서 달걀을 떨어뜨리면 적도에서 떨어뜨릴 때보다 가속도가 살짝 더 붙어서 낙하하므로, 청소하는 데도 조금 더 손이 갑니다. 또 화성과 달에서 달걀을 떨어뜨리면 달걀은 각기 다른 중력가속도로 낙하합니다. 달의 중력가속도는 지구의 약 6분의 1, 화성은 지구의 약 3분의 1입니다. 이처럼 중력가속도는 우주 어디에서나 같은 값이 아니지요.

그런 까닭에 우주 어디에서 측정해도 정말로 변하지 않는 물리상수를 보편 상수universal constant라고 불러서 중력가속도처럼 상황에 따라 달라지는 물리상수와 구별하기도 합니다. 보편 상수는 그야말로 기초적이며 중요한, 참으로 위대한 물리상수입니다. 광속과 만유인력상수 등 이제부터 본격적으로 소개할 4대 물리상수는 모두 보편 상수입니다.

### 친절하게도 광속 $c$ 는 대략 30만 km/s

진공에서 광속은 299,792,458m/s입니다. 즉, 빛은 1초(s)에 29만 9,792km 하고도 458m를 날아갑니다. 우연히도 이 값은 딱 떨어지는 30만에 매우 가까운데, 광속을 30만 km/s로 반올림해서 계산해도 실제 계산 결과와 0.07%밖에 차이가 나지 않습니다.

일상생활 중에도 광속을 이용해서 계산해야 하는 순간들이 종종 있지 않겠습니까? (아, 아닌가요?) 그런데 이렇게 딱 떨어지는 수치를 제공해 주니 암산이나 어림셈을 할 때 어찌나 편리한지 모릅니다. 정말이지 우주의 친절한 면모 중 하나라 하지 않을 수가 없습니다. (또 다른 친절함의 예로는 약 10m/s²인 지구의 중력가속도, 약 10만 Pa(파스칼)인 지구의 대기압, 약 1억 5000만 km인 지구의 궤도 긴반지름 등이 있습니다. 궤도 긴반지름에 관해서는 두 꼭지 뒤에서 설명하겠습니다.)

광속은 너무 빨라서 일상에서는 그 속도를 체감하지 못합니다. 우리의 감각 기관이 인식할 수 없을 만큼 빠른 까닭에, 빛이 광원에서 출발해 대상에 도달하기까지 시간의 경과를 전혀 느낄 수 없습니다.

빛을 설명할 때 곧잘 함께 등장하는 소리(음파) 역시 빛과 마찬가지로 파동의 한 종류입니다. 파장을 가지고 공기 같은 매개 물질을 진동시키며 퍼져 나가지요. 그러나 음속은 약 340m/s로 비교적 느릿하기에 일상생활에서 종종 빛과 소리의 속도 차를 체감할 수 있습니다. 대표적인 예로 불꽃놀이가 있습니다. 우리는 밤하늘에서 화려하게 터지는 불꽃을 눈에 먼저 담고, 몇 초 후에야 귀에 펑 하고 울려 퍼지는 폭발음을 듣습니다. 또 북을 두드리면 소리가 울려 퍼지는데, 이때도 수십 미터 떨어진 위치에 있는 사람은 북을 치는 모습을 먼저 목격하고 잠시 후에야 북소리를 들을 수 있습니다. 이처럼 음속은 소리가 빛보다 늦게 도달하는 현상을 이용해 측정할 수 있습니다.

## 인간의 운동 신경으로는 측정할 수 없는 광속

하지만 빛이 도달하는 시간은 이런 방법으로 측정할 수가 없습니다. 근대 과학의 아버지 갈릴레오 갈릴레이Galileo Galilei(1564~1642)가 1638년에 펴낸 책《새로운 두 과학Discorsi e Dimostrazioni Matematiche Intorno a Due Nuove Scienze》에는 광속 측정에 실패한 실험 사례가 실려 있습니다.

0. 이 실험은 두 사람(A와 B)이 밤에 서로 수 킬로미터 떨어진 위치에서 수행하며, 두 사람은 빛을 껐다 켰다 할 수 있는 랜턴을 들고 있어야 합니다.

1. 먼저, 한 사람(A)이 랜턴을 켜서 빛을 밝힙니다.

2. 다른 한 사람(B)은 상대편의 빛을 본 순간에 바로 자기 랜턴의 빛을 밝힙니다.

3. 이렇게 하면 A는 자신이 불을 켠 다음 B가 켠 빛을 볼 때까지의 시간을 재서 광속을 계산할 수 있습니다.

그러나 광속은 약 30만 km/s입니다. 두 실험자 간 거리를 3km라고 가정한다면 이 거리를 왕복하는 데 10만분의 2초밖에 걸리지 않는다는 말이지요. 10만분의 2초는 인류 역사상 가장 빠른 단거리 달리기 선수도 0.2mm밖에 움직이지 못하는

## [그림 1-1] 1초에 지구를 7.5바퀴 도는 빛

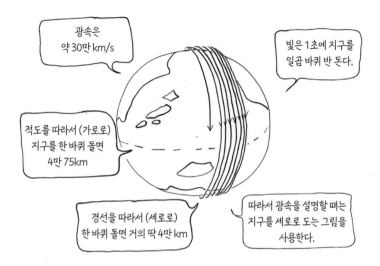

광속은
약 30만 km/s

빛은 1초에 지구를
일곱 바퀴 반 돈다.

적도를 따라서 (가로로)
지구를 한 바퀴 돌면
4만 75km

경선을 따라서 (세로로)
한 바퀴 돌면 거의 딱 4만 km

따라서 광속을 설명할 때는
지구를 세로로 도는 그림을
사용한다.

시간입니다. 실험자가 인류 최고 수준의 운동 신경을 가졌다고 해도 빛이 왕복할 동안에 랜턴 스위치를 0.2mm밖에는 움직이지 못한다는 이야기이니, 이 실험이 성공하지 못한 것도 무리가 아닙니다.[*]

빛이 1초 동안에 질주하는 약 30만 km는 지구 둘레의 7.5배에 해당합니다. 경선meridian[**]의 절반, 즉 북극에서 적도를 통과

---

[*]  심지어 17세기 당시의 실제 실험에서는 램프에 덧문을 달아서 수동으로 덧문을 여닫았다.

[**] 지구 표면을 따라서 북극점과 남극점을 최단 거리로 연결하는 가상의 선. 지구본에 그어진 세로줄을 떠올리면 된다. 지구는 완벽한 구체가 아니어서 측정 방향에 따라 둘레가 달라지는데, 세로로 잰 둘레 중에서 가장 짧은 길이를 말하는 개념이라고 생각하면 쉽다. 길이는 4만 km로 정해져 있다.

해 남극으로 이어지는 경로의 값은 딱 떨어지는 2만 km에 아주 가깝지요. 참고로 이건 지구의 친절함이나 우연과는 관계가 없고, 미터법을 제정할 때 '1m는 경선의 4분의 1(북극에서 적도까지)의 1000만분의 1'이라고 정의했기 때문입니다. 이 정의에 따르면 북극과 남극을 최단 거리로 지나는 지구 한 바퀴는 딱 4만 km입니다. 그러니까 일곱 바퀴 반은 30만 km죠.

## 시간을 공간으로 번역하는 광속

빛은 1초에 지구를 일곱 바퀴 반 돌 수 있고, 이 속도로 지구에서 달까지 가는 데는 1.28초가 걸립니다. 달은 지구와 가장 가까운 천체입니다. 지구의 빛이 달에 도달하는 데 1.28초가 걸린다면, 또 다른 천체에 도달하는 시간은 얼마나 걸릴까요?

태양부터 알아볼까요? 지구는 타원 궤도를 그리며 태양 주위를 돕니다. 타원에는 긴반지름과 짧은반지름이 있지요. 그 중 궤도 긴반지름semimajor axis, 즉 태양과 지구의 거리는 1억 4959만 7,870.7km로, 친절하게도 1억 5000만 km에 매우 가까운 값입니다. 태양에서 지구까지 빛이 도달하는 데는 499초가 걸립니다. 이 또한 우연히도 딱 떨어지는 500초에 매우 가깝군요. 빛이 도달하는 데 500초가 걸린다는 말은 '지금 우리를 비추는 햇빛은 태양에서 500초 전에 출발한 빛'이라는 뜻입니다. 지금 우리 눈에 보이는 태양의 모습이 실제로는 500초 전의 모습이라는 이야기지요.

만에 하나 어떤 우주적 재난이 발생해서 태양이 아무런 전조 없이 사라진다고 하더라도 우리는 500초 동안 그 사실을 알아 차리지 못합니다. 또 태양이 지구에 작용하는 중력도 500초간 그대로이므로, 지구는 그동안에 마치 태양이 여전히 존재하는 것처럼 계속해서 원래 궤도를 따라 공전할 겁니다. 그러다가 500초, 즉 8분 20초가 지난 후에야 지구는 갑작스러운 밤을 맞 이함과 동시에 우주 공간에서 (거의) 등속 직선 운동을 시작하 겠지요.*

요컨대 태양에서 지구까지는 빛의 속도로 500초가 걸립니 다. 이 거리를 '500광초light-second'로 나타내기로 합시다.

### 부동산 업계의 설명 방식을 닮은 광속의 쓰임새

화성은 태양에서 네 번째로 가까운 행성으로, 궤도 긴반지 름(태양과 화성의 거리)은 약 2억 2794만 km입니다. 직관적으로

---

* 지구를 포함한 태양계 행성들은 태양의 중력에 붙들려 태양 주위를 일정한 속도로 빙 빙 도는 등속 원운동을 한다. 그러나 우주에서 태양이 사라지면 태양 중력의 작용 역시 사 라지므로, 지구는 일정 속도로 아득한 우주 공간을 향해 일직선으로 쭉 나아가는 등속 직선 운동을 시작하게 된다.

이해하기 어려울 만큼 큰 값이지만 광초로 바꾸면 자릿수가 감쪽같이 줄어듭니다. 화성의 궤도 긴반지름은 760광초입니다. 만약 태양이 갑자기 사라진다면 화성은 지구 주민들이 그 이변을 알아차리고 나서 260초 후, 즉 4분 20초가량 더 지나야 영향을 받습니다.

태양을 맴도는 천체들은 모두 태양계의 일원입니다. 태양계에는 지구와 화성 같은 행성이 총 여덟 개 있고, 그 밖에도 소행성과 혜성 등 무수한 소천체*들이 속해 있습니다. 그중에는 화성이나 해왕성보다도 훨씬 머나먼 태양계의 변두리를 어슬렁거리는 것들도 있지요.

2022년 기준으로 궤도 긴반지름이 가장 큰 천체는 '2015 TG387'로 알려져 있습니다. 렐레아쿠호누아541132 Leleākūhonua라는 정식 이름을 가진 이 작은 돌멩이는 타원 궤도를 그리며 태양 주위를 공전하는데, 태양에서 1780억 km 이상 떨어져 있습니다. 이것은 빛의 속도로 약 7일이 걸리는 거리입니다. 2015 TG387에 사는 사람들은 (태양에서 멀어지는 계절에) 갑자기 태양이 사라져도 약 일주일 동안은 그 사실을 알아차리지 못합니다.

---

\* 태양계 천체 중에서 행성이나 왜행성보다 작지만, 위성은 아닌 소행성과 혜성 등의 천체를 말한다.

## [그림 1-2] 태양계 천체의 궤도 반지름

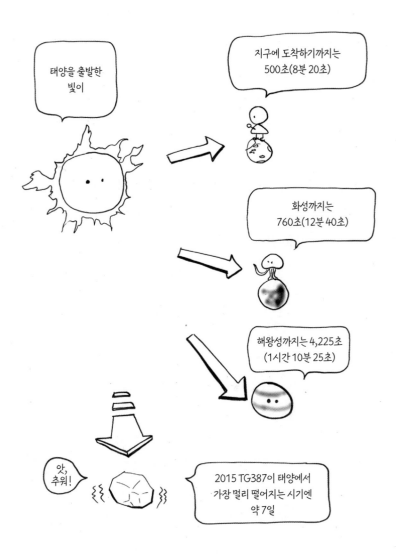

2015 TG387은 태양에서 '7광일light-day' 거리에 있다고 표현할 수 있습니다. 이렇게 비유해 보니,

"태양계가 정말 넓구나!"
"태양계의 거리는 빛이 달려가는 시간으로 (간단하게) 나타낼수 있구나."

하는 것이 실감 나지요? 이것이 바로 광속의 주된 이용법 중하나인 '시간으로 거리 나타내기'입니다. 마치 부동산(공인 중개사무소)에서 건물 위치를 설명할 때 '역에서 도보로 5분 거리'라고 알려 주는 방법과 비슷한 발상입니다. 물론 부동산 업계에서는 광속이 아닌 걸음의 속도(80m/분)를 사용하지만요.

## 이웃 은하단까지의 거리는 5900만 광년

광초와 광일 등을 써야만 간신히 파악할 수 있는 드넓은 태양계도 실제로는 고작해야 우주의 한구석에 불과합니다. 태양계 바깥의 아득한 우주에는 어떤 천체들이 있을까요?

밤하늘에 빛나는 무수한 별 중에서 태양계와 가장 가까운 항성star은 프록시마켄타우리Proxima Centauri입니다. 이 녀석은 적색왜성red dwarf이라는 작고 어두운 종족에 속하는 항성이라서 지

1장. 광속 $c$로 이해하는

구에서 맨눈으로는 볼 수 없습니다. 하지만 작고 어두워도 당당히 행성planet들을 거느린 것으로 알려져 있습니다. 말로는 '가장 가깝다'고 해도 실제 거리는 무려 '4.22광년light-year'입니다. (지구에서 측정하든 태양에서 측정하든 큰 차이가 없습니다.) 빛의 속도로 4년 2개월 20일 정도 걸리는 거리에 있다는 말입니다.

드디어 '광년'이라는 단위가 등장했습니다. 이것은 빛이 1년간 계속 날아가는 거리, 그러니까 빛의 속도로 365.25일 동안 날아가는 거리, 다시 말해 빛의 속도로 3155만 7,600초 동안 날아가는 거리를 말합니다. 항성까지의 거리를 나타내기 위해서는 이처럼 어마어마한 단위가 필요합니다.

이 기세를 몰아서 우주로 더 나아가 봅시다. 우리의 태양과 프록시마켄타우리는 모두 우리은하Milky way galaxy라는 별들의 대집단에 속해 있습니다. 지름이 대략 10만 광년인 우리은하에는 약 1000억 개의 항성이 모여 있습니다. 태양계는 우리은하의 중심부에서 약 2만 5,600광년 떨어진 변두리에 있습니다. 우리은하 중심 방향을 바라보면 번화하게 밀집한 별들이 밝고 부옇게 보입니다. 이것이 은하수입니다.

2만 5,600년은 우리 호모 사피엔스가 수렵채집 생활에서 농경과 목축, 산업 혁명을 거쳐서 현대로 진보해 온 만큼의 시간입니다. 10만 년 전은 호모 사피엔스가 아직 원시적인 석기를 사용하면서 또 다른 인류인 네안데르탈인 등을 멸종으로 몰아

넣었던 시절인데, 그때 우리은하의 끄트머리에서 출발한 빛이 마침내 지금 우리에게 도달해서 초신성, 원시별, 블랙홀, 지구 근처의 행성 들에 관한 많은 정보를 알려 주고 있습니다.

항성들의 대집단인 은하는 우리은하 외에도 많이 있습니다. 밤하늘에서 가장 눈에 띄는 은하는 안드로메다은하Andromeda galaxy로, 우리은하에서 안드로메다자리 방향으로 대략 230만 광년 떨어진 곳에 있습니다. 230만 년 전은 우리 조상들이 서투른 손놀림으로 돌멩이와 나무 막대기를 막 사용하기 시작했을 무렵입니다.

은하가 100개 정도 모인, 더러는 그보다 더 많이 모인 무리를 은하단cluster of galaxies이라고 합니다. 우주에는 무수히 많은 은하단이 있습니다. 처녀자리은하단Virgo cluster은 우리와 비교적 가까운 약 5900만 광년 거리에 있습니다. 5900만 년 전은 공룡이 멸종하고 포유류가 번성하기 시작한 무렵이지요.

은하단들이 있는 우주는 수백억 광년 앞까지 펼쳐져 있습니다. 슬슬 광년을 사용해도 그 거리가 어느 정도인지 파악하기 어려워지기 시작합니다. 한 계산에 따르면 관측 가능한 우주의 범위는 466억 광년 앞까지 펼쳐져 있다고 합니다. 광속을 이용해서 거리를 시간으로 나타내는 설명은 일단 466억 광년에서 마치겠습니다.

## 이토록 빠른 속도를 어떻게 측정할 것인가?

17세기 갈릴레이의 광속 측정 실험은 빛이 인간의 동작보다 너무 빠른 탓에 성공하지 못했습니다. 이렇게 빠른 빛의 속도를 측정하려면 어떻게 해야 할까요? 이 문제는 연구자들의 의욕을 자극해서 다양한 도전이 이루어져 왔고, 그 결과 몇 가지 방법이 개발되었습니다. 광속 측정은 현재도 활발한 연구 분야 중 하나입니다.

원자시계나 레이저 간섭계, 광 주파수 빗optical frequency comb 등과 같이 정밀한 측정 도구와 기술이 아직 없던 시대에 연구자들은 오로지 자연에 대한 관찰안과 통찰력에 기대어 이 과제에 몰두했습니다.

덴마크의 천문학자 올레 뢰머Ole C. Rømer(1644~1710)는 목성의 위성을 관측하다가 계산과 맞지 않는 부분을 발견했습니다. 목성은 여러 개의 위성을 거느리고 있습니다. 망원경으로 관찰하면 위성들이 목성 주변을 빙 돌거나 목성 뒤편으로 숨는 모습 등을 볼 수 있습니다. 위성이 목성 뒤로 숨는 개기식eclipse 이 일어나는 시각은 계산을 통해 정확하게 예측할 수 있습니다. 그런데 뢰머가 정밀하게 관측해 보니 목성이 지구와 가까울 때는 개기식이 예정보다 몇 분 일찍 일어나고, 지구와 멀 때는 몇 분 늦어졌습니다.

뢰머는 이것이 목성의 개기식 순간부터 그 광경이 광속으로 지구에 도달할 때까지 시간이 걸리기 때문일 거라고 (옳게) 생각했습니다. 이 시간차와 지구에서 목성까지의 거리를 비교해 뢰머는 인류 최초로 광속 측정에 성공했습니다. 1676년에 그가 낸 값은 22만 km/s였습니다. 정확한 값과는 27% 차이가 나지만, 최초의 측정치고는 훌륭했지요. 갈릴레이의 실험 이후 약 40년 만의 일이었습니다.

여기서 우리는 광속 측정에 사용된 장비가 망원경이었다는 점에도 주목할 필요가 있습니다. 해당 시대의 최첨단 관측 기술을 이용하면 그 전까지는 측정할 수 없었던 것들을 측정할 수 있게 되고, 그에 따라서 이전까지는 도달할 수 없었던 물리(사물의 이치)에 도달할 수 있게 됩니다. 관측 기술과 우주를 이해하는 폭은 서로 발을 맞추어 진보해 나갑니다.

### 광행차와 케플러식 망원경으로 더욱 정밀해진 관측

영국의 천문학자 제임스 브래들리James Bradley(1693~1762)는 망원경으로 또 다른 천문 현상을 관측해 광속 측정에 성공했습니다.

지구는 약 30km/s의 엄청난 속도로 태양 주위를 돕니다. 그래서 반년 후에는 (태양을 기준으로) 지금과 반대편에 가 있게 됩니다. 그 모습을 지구의 공전 궤도 밖에 있는 별에서 본다면 지구가 처음과 반대 방향으로 운동하는 것처럼 보이겠지요. (태양 역시 약 200km/s의 맹렬한 속도로 은하계 중심을 빙 돌지만, 지금 이 설명에서는 그 효과를 무시하겠습니다.)

[그림 1-3]에서 볼 수 있는 것처럼 운동하는 지구에서 저 멀리 떨어진 항성을 관찰하면 항성의 위치가 비뚜로 보입니다. 자동차나 기차를 타고 빗속을 달릴 때, 위에서 아래로 떨어지는 빗방울들이 앞에서 뒤로 사선을 그리며 쏟아지는 것처럼 보이는 현상과 같은 원리죠. 항성에서 지구로 오는 빛도 지구가 운동 중인 방향의 앞에서 뒤로 비스듬히 이동하는 것처럼 보입니다. 이 현상을 광행차aberration of light라고 합니다.

지구의 운동으로 발생하는 광행차는 매우 작아서 항성의 위치가 1°의 1%도 차이 나지 않습니다. 브래들리는 렌즈의 중심에서 초점까지의 거리가 65m나 되는, 당시의 최신 케플러식 망원경*으로 정밀하게 관측하고, 광행차를 이용해서 광속을 오차 범위 2% 내에서 구해 냈습니다. (정확하게는 광속과 지구 공전 속도의 비례식을 구했습니다.) 1729년의 일입니다.

덧붙이자면 그 후에 대물렌즈 대신 오목거울을 이용한 반사

---

* 정확하게는 17세기 후반에 네덜란드의 물리학자이자 천문학자 크리스티안 하위헌스Christiaan Huygens(1629~1695)가 제작한 케플러식 망원경인 공중 망원경aerial telescope을 사용했다.

**[그림 1-3] 광행차**

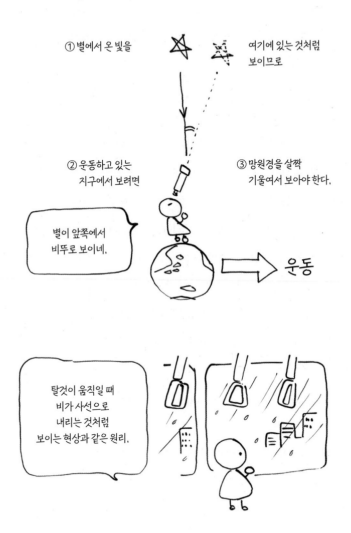

① 별에서 온 빛을

여기에 있는 것처럼
보이므로

② 운동하고 있는
지구에서 보려면

③ 망원경을 살짝
기울여서 보아야 한다.

별이 앞쪽에서
비뚜로 보이네.

운동

탈것이 움직일 때
비가 사선으로
내리는 것처럼
보이는 현상과 같은 원리.

1장. 광속 *c*로 이해하는

망원경이 발달하면서 케플러식 굴절 망원경 기술은 거의 쓰이지 않게 되었습니다.

### 갈릴레이의 광속 측정 실험에 재도전하다

19세기가 되어 기계 기술이 진보하면서 갈릴레이의 광속 측정 실험을 실현할 기계가 등장합니다. 프랑스의 물리학자 이폴리트 피조A. Hippolyte L. Fizeau(1819~1896)가 제작한 광속 측정 장치로, 8km 거리를 두고 설치된 톱니바퀴와 거울(반사경)로 이루어졌습니다. [그림 1-4]와 같이 톱니 틈새를 통과해 날아간 빛이 8km 앞에 있는 거울에 반사되어 그대로 되돌아와, 다시 톱니 틈새를 통과하게 만드는 방법입니다. 갈릴레이는 실험에서 사람의 손으로 램프 빛을 조작해 빛을 돌려보냈지만, 피조는 반사경을 사용했습니다. 훨씬 적절한 방법이지요.

톱니바퀴를 고속으로 회전시키면 빛이 왕복하는 동안에 톱니를 딱 하나만 움직이게 만들 수 있습니다. 앞쪽 톱니의 틈새를 통과해 나아간 광선이 바로 뒤쪽 톱니의 틈새를 통과해 돌아오도록 만드는 것이지요. 이렇게 하면 톱니바퀴의 회전 속도를 통해서 광속을 구할 수 있습니다. 이 방법으로 피조는 1849년에 광속의 값을 약 31만 5,000km/s로 구하는 데 성공했습니다. 현대에 밝혀진 값과의 오차는 5%입니다.

**[그림 1-4] 피조의 광속 측정 장치**

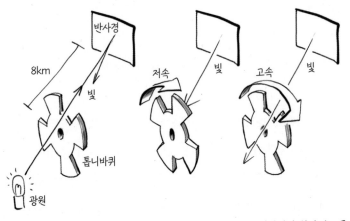

① 광원에서 발생한 빛이 톱니바퀴의 톱니 틈새를 통과해 멀리 떨어진 거울에 반사된다.

② 톱니바퀴는 회전 중이므로, 같은 경로로 되돌아온 빛은 톱니에 부딪혀 차단된다.

③ 톱니바퀴의 회전 속도를 조절하면 돌아온 빛이 다음 틈새를 통과할 수 있다. ⇒ 회전 속도로 광속을 알 수 있다.

이리하여 지상의 실험 장치로도 광속을 측정할 수 있게 되었고, 다양한 원리의 장치들이 고안되면서 측정 정밀도가 점점 더 향상되어 한층 정밀하게 광속을 측정할 수 있게 되었습니다. 아울러 이 과정에서 광속이 가진 기묘한 성질들이 밝혀지기 시작했고, 이러한 발견으로 기존 물리학의 틀에 존재했던 허점들이 보완되고 바로잡혔습니다.

1장. 광속 $c$로 이해하는

## 역사상 가장 유명한 실패 실험

지구는 우주 공간을 질주하고 있습니다. 그 사실은 광행차로도 확인할 수 있습니다. 지구가 질주하고 있는 현상은 광속 측정에 어떤 영향을 줄까요? 혹시 지구가 빛을 뒤쫓아 갈 때(따라잡을 수는 없지만)는 광속이 지구의 속도만큼 느리게 관측되지 않을까요? 반대로 빛과 지구가 정면충돌 코스에 있을 때는 빛의 속도가 더 빨라지는 게 아닐까요?

뭔가 장황하면서도 얼핏 말이 되는 이야기처럼 들리지 않습니까? 19세기까지는 이러한 생각이 당연한 사실처럼 여겨졌습니다. 그리고 이러한 생각을 바탕으로 광속의 변화를 측정하는 실험들이 실제로 이루어졌습니다. 실험을 통해서 지구의 질주 속도를 알고자 했던 것이죠.

1887년 미국 클리블랜드의 한 지하 실험실에서 물리학자 앨버트 마이컬슨Albert A. Michelson(1852~1931)과 에드워드 몰리Edward Morley(1838~1923)가 거울과 유리를 이용한 정밀한 실험 장치를 고안하여 이 측정을 실행했습니다.*

오늘날 '마이컬슨 간섭계'로 불리는 이 장치는 간섭interference** 현상을 이용해서 두 방향의 광속 차이를 측정하는 기구였습니다. 만약 동서 방향으로 운동하는 빛과 남북 방향으로 운동하는 빛의 속도에 차이가 있다면, 이 두 광선이 왕복하는 데 필요한 진동 횟수가 달라질 테니 간섭무늬 변화가 나타나겠지요.

이 실험을 위해 클리블랜드시의 모든 공공 교통 기관이 잠시 운행을 멈추었습니다. 그러나 주도면밀하게 준비한 끝에 마이컬슨과 몰리가 들여다본 간섭무늬에는 두 방향의 광속 차이를 보여 주는 징후가 없었습니다. 지구의 운동 속도가 10km/s 정도만 되었어도 이를 검출해 낼 수 있는 예민한 장치를 사용했는데도 말입니다.

실험 당일에 뭔가 우주적 이변이 있었을 가능성을 고려해서 반년 후에 다시 시도했지만, 결과는 같았습니다. 실험 장치가 어떤 방향으로, 어떤 속도로 움직이든 측정값은 변하지 않았습니다. 도무지 어떻게 해석해야 좋을지 몰랐던 마이컬슨과 몰리를 비롯한 전 세계의 연구자들이 머리를 쥐어뜯었습니다.

---

\* 마이컬슨·몰리의 실험Michelson-Morley experiment. 19세기 초반의 과학자들은 공기가 소리의 파동을 전달하는 매개물인 것처럼, 우주에는 빛의 파동을 전달하는 매개물인 에테르ether가 존재한다고 믿었다. 마이컬슨과 몰리 역시 이러한 관점에서 당시까지 실증되지 않았던 에테르의 존재를 실험으로 밝혀내고자 했다. 또 지구의 자전에 따라 동서 방향으로 운동하는 빛과 남북 방향으로 운동하는 빛의 에테르에 대한 상대 속도가 각기 다를 것이라는 가설을 세우고 이를 함께 증명하고자 했다. 그러나 결과적으로 간섭무늬 변화 관찰에 실패했는데, 이는 두 방향의 빛이 각기 다른 파동을 가지지 않으며 빛의 속도가 운동 방향이나 주변 환경의 조건에 따라 달라지지 않음을 의미했다. 이 실험 결과는 후에 에테르는 존재하지 않는다는 논리의 주요 근거가 되었다.

\*\* 두 가지 이상의 파동이 한 점에서 만날 때 파동이 합쳐지면서 진폭이 증가 혹은 감소하여 새로운 파장 형태를 보이는 현상을 말한다. 간섭 현상은 비슷한 성질을 가진 파동끼리 만날수록 두드러지게 나타나며, 간섭 때 진폭이 증가한 지점은 밝게 나타나고 감소한 지점은 어둡게 나타나는 파장의 패턴이 만들어진다. 이 패턴이 간섭무늬다.

1장. 광속 $c$로 이해하는

마이컬슨과 몰리의 광속 측정 실험은 과학사에서 가장 유명한 '실패' 실험으로 불립니다. 이 실패는 광속의 변화를 측정하는 것은 불가능하다는 우주의 진리를 밝혀냈습니다. 그 덕에 당시까지 당연하게 믿어 온 상식과 물리학을 근본적으로 정정할 필요가 생겼습니다.

이 실패 덕분에 마이컬슨은 1907년 노벨 물리학상을 받았습니다. 노벨상 선고 위원회도 실험 실패를 수상의 이유로 들기는 망설여졌는지 '정밀 간섭계 고안과 해당 장치를 이용한 분광학 및 미터원기 연구'를 사유로 들어 상을 수여했습니다. 마이컬슨 간섭계는 빛의 간섭을 이용한 정밀 거리 측정계로도 볼 수 있는 셈입니다.

### 실험 장치가 움직여도 광속이 변하지 않는 이유

마이컬슨과 몰리의 광속 실험 후, 측정 장치(를 싣고 있는 지구)가 움직이는 중에도 광속이 변하지 않는 불가사의한 현상을 어떻게 해석하면 좋을까에 대한 몇 가지 불가사의한 아이디어들이 제기되었습니다.

조지 피츠제럴드George F. FitzGerald(1851~1901)와 헨드릭 로런츠 Hendrik A. Lorentz(1853~1928)는 만약 운동하는 물체의 길이가 줄어든다면 마이컬슨·몰리의 실험 결과를 설명할 수 있을 거라는 의견을 제시했습니다. (부분적으로는 맞는 말입니다.)

로런츠와 피츠제럴드의 설명에 따르면 이 우주는 진공이 아니라 빛을 전달하는 매질인 '에테르'로 가득 차 있습니다. 소리가 공기를 통해 전파되는 것처럼, 빛은 에테르를 통해 전파되는 것으로 보았지요. (화학물질인 에틸에테르와는 관계없는 단어입니다.) 에테르가 빛을 전달하는 매질이라는 개념은 이들의 독창적인 발상이 아니라 오래전부터 있어 온 가설이었습니다. 그러나 빛의 성질이 하나둘 밝혀지기 시작하면서 에테르의 성질은 점점 더 기기묘묘하게 바뀌어 갔습니다.

우주에 있는 달과 태양, 심지어 머나먼 은하에서 출발한 빛이 지구에 도달하고 있는 이상, 우주 공간은 에테르로 꽉꽉 차 있어야만 합니다. 동시에 에테르는 그 안에서 사는 우리가 느끼지 못할 만큼 존재감이 미미하고 약하면서도, 30만 km/s의 맹렬한 속도로 운동하는 빛을 전달할 수 있으려면 다이아몬드보다도 단단해야 했죠.

로런츠와 피츠제럴드는 에테르 속을 건너는 물체가 에테르의 압력을 받아서 진행 방향(운동 방향)으로 압축된다고도 생각했습니다. (에테르의 기상천외한 성질이 하나 더 추가되었죠?) 그러니까 지구나 태양, 마이컬슨과 몰리의 실험 장치는 물론, 인간 마이컬슨과 몰리까지도 이러한 이유로 살짝 줄어들어 있었다는 주장인 셈입니다. 이들은 지구가 에테르 속을 10km/s로 운동한다고 가정할 때, 원래 길이의 10억분의 1 정도 줄어든 것으로 보았습니다. 이처럼 일상에서는 알아차릴 수 없는 근소한 차이일지라도 마이컬슨과 몰리가 했던 정밀한 실험에는 영향을 줄 수 있다는 주장이었지요.

오늘날 움직이는 물체가 운동 방향으로 수축하는 효과를 로런츠·피츠제럴드 수축(또는 피츠제럴드·로런츠 수축)이라고 합니다. 종종 피츠제럴드를 생략하고 로런츠 수축이라고도 하는데, 아무래도 과학사에 이름을 남기려면 간단한 이름이 유리한 것 같습니다.

## 아인슈타인의 등장과 함께 사라진 에테르

로런츠·피츠제럴드 수축은 현대 과학에서도 인정하는, 실재하는 효과입니다. 움직이는 물체는 운동 방향으로 길이가 줄어듭니다. (수평 방향으로 날고 있는 물체는 가로로 길이가 수축하고, 수직으로 낙하하는 물체는 세로로 길이가 수축한다는 얘기지요.) 하지만 광속이 측정 장치의 운동에 영향을 받지 않는다는 실험 결과를 모순 없이 설명하려면 로런츠·피츠제럴드 수축만으로는 부족합니다. 더욱 비약적으로 생각해서 시간과 공간의 개념을 완전히 새롭고 기상천외하게 뜯어고칠 필요가 있습니다. 그 비약을 뚝딱 해낸 사람이 바로 알베르트 아인슈타인Albert

Einstein(1879~1955)입니다. 양자역학의 창시자 중 한 명이자 상대성 이론을 창조하고 물리학을 혁신한 천재죠.

피츠제럴드와 로런츠 외 많은 연구자가 로런츠·피츠제럴드 수축을 창안하고 상대성 이론의 한 발 앞까지 다가가고 있을 때, 독일의 아인슈타인 소년은 '빛에 가까운 속도로 달리는 기차 안에서 거울을 보면 어떻게 보일까?' 하는 문제를 고민했습니다. 보통 아이들은 주변에 답을 아는 어른도 없고, 혼자 아무리 생각해도 답이 안 나오는 문제라면 흐지부지 생각을 포기하고 잊어버리게 마련입니다. 그러나 그 소년은 아인슈타인이었습니다. 소년은 이 문제를 생각하고 또 생각했지요.

아인슈타인 소년은 같은 문제를 끝없이 고민하고, 성인이 되어서도 계속해서 고찰한 끝에 1905년, 드디어 그 답에 다다랐습니다. 그것이 바로 불가사의하고 기상천외한, 그러나 마이컬슨·몰리의 실험 결과 및 로런츠·피츠제럴드 수축, 그 밖의 다양한 우주 물리 현상을 설명할 수 있게 해 준 특수 상대성 이론입니다.

아인슈타인의 특수 상대성 이론은 에테르라는 개념을 사용하지 않고도 앞선 실험의 결과를 설명할 수 있게 해 주었고, 이에 따라 필요성을 잃은 에테르는 물리학 교과서에서 지워졌습니다. 이 책에도 두 번 다시 등장하지 않을 테니 에테르에 대해서는 (물리학자들과 마찬가지로) 싹 잊으셔도 괜찮습니다.

잘 가요, 에테르. 우리의 짧았던 인연은 여기까지로 합시다.

## 스타 과학자 알베르트 아인슈타인

자연과 자연의 법칙은 어두운 밤의 장막에 가려져 있었다.
신께서 "뉴턴을 존재케 하라!" 말씀하시자 모든 빛이 밝혀졌다.
— 알렉산더 포프

그러나 이는 오래가지 못했다.
악마가 "하! 아인슈타인을 존재케 하라!" 소리치자 모든 것이 혼돈으로 되돌아갔다.
— 존 콜링스 스콰이어

앞의 시는 시인 알렉산더 포프Alexander Pope가 쓴 아이작 뉴턴Isaac Newton(1643~1727)의 묘비명입니다. 뉴턴의 위대한 업적과 그에 대한 대중의 경의를 표현한 이행시죠. 장난스러운 뒤의 시는 앞의 시가 발표되고 200년 후에 지어진 패러디입니다. 이 패러디 시를 지은 사람은 영국의 시인이자 작가 겸 역사가인 존 콜링스 스콰이어John Collings Squire입니다. 패러디 시에는 아인슈타인의 물리학 이론으로 우주가 너무도 기괴한 모습이 되어 버렸다는 한탄이 담겨 있습니다.

드디어 이 책에도 과학계에 너무너무 중요한 인물인 알베르트 아인슈타인이 등장했습니다. 앞으로도 이 책의 주인공(들 중 한 명)이라 불러도 될 만큼 여러 차례 등장할 예정입니다. 상대성 이론을 필두로 하는 아인슈타인의 이론들에 관해 설명하기에 앞서, 그의 성장 과정을 간단히 훑어보겠습니다.

단, 아인슈타인은 복잡하고 모순이 많은 성격을 가졌기에(일정 부분 안 그런 사람이 어디 있겠습니까마는) 간단한 소개만으로는 인간적인 면을 도저히 다 설명할 수 없다는 점을 미리 밝혀 둡니다. 심지어 실제 기록을 바탕으로 연구한 전기 작가나 과학사가들마저도 아인슈타인의 성격에 대해서 상세히 서술하고 묘사해 나갈수록 점점 더 혼란에 빠지는 경향을 보입니다. '아인슈타인의 진짜 인물상은 이러하다', '아니다, 그에겐 이런 또 다른 면이 있었다' 하는 논쟁은 지금까지도 가열하게 이어지고 있습니다.

## 대학 입시 때는 점수 부족, 취준생 때는 연구직 취업 실패

아인슈타인은 1879년 독일의 유대인 가정에서 태어났습니다. 어린 시절부터 그는 기차가 빛의 속도로 달리면 어떻게 될까 하는 이상한 문제들을 시종일관 생각했고, 그 탓인지 수학 외의 과목은 성적이 좋지 못했습니다. 스위스의 취리히연방공과대학교에 지원했으나 합격점을 얻지는 못했죠. 다만 수학과 물리 점수가 우수했던 까닭에 학장의 총애를 받아 입학을 허가받았습니다. 취리히연방공과대학교는 세계적으로도 명성이 높은 명문대인데, 그 당시에는 그런 일이 가능했던 모양입니다.

아인슈타인 전기에는 몇 명의 여성이 등장하는데, 그중 한 명이자 후에 그의 첫 번째 아내가 되는 밀레바 마리치Mileva Marić(1875~1948)와는 대학에서 만난 사이였습니다. 아인슈타인의 아이를 임신한 밀레바는 1902년에 스위스를 떠나서 남몰래 딸 리제를Lieserl을 출산했습니다. 리제를은 태어난 직후에 다른 집에 입양되었거나 혹은 병사한 것으로 추정되는데, 훗날 과학사가들이 조사를 거듭했음에도 정확한 행방을 찾지는 못했습니다.

아인슈타인은 대학 졸업 후 연구직에 취업하지 못하고, 스위스 특허청에 일자리를 얻었습니다. 그곳에서 일하는 틈틈이 이론 물리학에 몰두했지요. 밀레바와는 1903년에 결혼해서 한스Hans A.(1904~1973)와 에두아르트Eduard(1910~1965)라는 두 아들을 두었습니다. 아인슈타인의 적자인 만큼 이 두 아들의 생애에 관해서는 당연히 잘 알려져 있습니다. (둘째 아들은 평생 아인슈타인과 잘 지내지 못했다고 합니다.)

## 1905년, 과학사에 남은 '기적의 해'

1905년에 아인슈타인은 다섯 편의 논문을 발표합니다. 그 중 두 편은 상대성 이론이라는 완전히 새로운 물리학 이론을 제창하는 논문이었고, 또 다른 한 편의 논문에는 후에 양자역학으로 발전하여 물리학의 기틀을 확 바꾸어 놓을 아이디어가 적혀 있었습니다. 우주에 대한 인류의 시각을 극적으로 바꿀 물리학 이론이 1년 사이에 연달아서, 단 한 명의 특허청 직원 두뇌에서 확확 튀어나온 겁니다. 과학사가들은 이 일이 일어난 1905년을 '기적의 해'라고 부릅니다. 인류의 과학사를 바꾼 이 논문들이 탄생할 동안에 정작 특허청 업무는 성실하게 보았느냐를 따지는 건 너무도 꽉 막힌 발상이겠지요.

이 업적들을 인정받아 아인슈타인은 대학에 교직을 얻게 되었습니다. 나아가 로런츠(로런츠·피츠제럴드 수축의 그 로런츠)의 추천을 받아서 1914년에는 독일 훔볼트대학교의 교수가 됩니다. 그러나 그의 결혼 생활은 파탄에 이르렀고, 밀레바는 아들 둘을 데리고 스위스로 돌아가 버렸습니다.

아인슈타인은 1905년에 상대성 이론을 발표해 전 세계를 경악에 빠뜨렸지만, 정작 본인은 그 이론에 만족하지 못했습니다. 상대성 이론을 확장하고, 거기에 더해 중력에 관한 이론을 생각해 낸 그는 1915년에 일련의 논문을 발표합니다. 바로 우주의 모습을 설명할 때 빠뜨릴 수 없는 이론이자 블랙홀, 빅뱅, 중력파 등 수많은 경이를 밝혀낸 일반 상대성 이론general theory of relativity이었지요.

1915년 일반 상대성 이론을 발표한 이후로, 1905년에 발표되었던 기존의 상대성 이론은 특수 상대성 이론으로 불리게 되었습니다. (휴대 전화기가 보급된 이후에 보통 전화기를 '일반 전화'로 구별해서 부르게 된 것과 비슷합니다. 이처럼 새롭게 등장한 무언가가 기존에 쓰이던 단어를 이어받아 쓰게 되면서, 기존에 그 단어로 불리던 사물에 새로운 이름을 붙이는 명명법을 레트로님retronym이라고 합니다.) 이 두 상대성 이론을 통틀어 그냥 '상대론'으로 부르기도 합니다.

## 천재 과학자의 빛과 그림자

1919년에 밀레바와 이혼이 성립되자 아인슈타인은 바로 두 번째 아내인 엘사 뢰벤탈Elsa Löwenthal(1876~1936)과 결혼합니다. 엘사는 아인슈타인의 사촌 누나로, 이혼 경험이 있어 슬하에 일제Ilse Einstein(1897~1934)와 마르고트Margot Einstein(1899~1986)라는 두 딸이 있었습니다. 일제의 편지에는 엘사와 아인슈타인의 결혼 이야기가 오가던 당시에 그가 일제에게 구애하면서 "나는 너나 네 어머니 둘 중에 누구와 결혼해도 좋다"는 대단히 역한 제안을 건넸던 사실이 적혀 있습니다. 여성에 대해서는 도

무지 억제할 줄 모르는 인물이었음을 알 수 있습니다.

1921년의 노벨 물리학상은 '이론 물리학에 공헌하였으며, 특히 광전 효과photoelectric effect를 제대로 밝힌' 공적을 인정해 아인슈타인에게 수여되었습니다. 광전 효과는 기적의 해인 1905년에 발표된 일련의 논문 중 양자역학의 기초가 되었던 이론을 가리킵니다. (이 내용은 4장에서 다시 설명하겠습니다.)

노벨상 선고 위원회가 판단한 수여 이유가 조금 의외롭기는 합니다. 물론 해당 사유가 아인슈타인의 중요한 공적 중 하나이긴 하지만, 일반적으로 아인슈타인 하면 거의 혼자 힘으로 창조해 낸 상대성 이론을 첫 번째 업적으로 꼽기 때문이지요. 아마도 선고 위원회는 실험으로 증명된 법칙과 이론을 중시하는 경향이 있는 것 같습니다.

어쨌든 이 무렵, 아인슈타인은 전 세계에 이름을 알리며 뉴턴 이래 가장 존경받는 과학자가 되었습니다. 그야말로 '스타 과학자'였지요.

1933년, 독일에서 유대인을 증오하는 아돌프 히틀러Adolf Hitler(1889~1945)가 수상이 되자, 아시케나지 유대인Ashkenazi Jews.* 인 아인슈타인과 엘사는 미국으로 떠납니다. 아인슈타인은 프

---

* 남유럽을 제외한 유럽 전역에 살던 유대인, 그중에서도 주로 독일계 유대인을 일컫는 말이다. 나치 독일의 유대인 대학살 때 가장 큰 표적이자 희생양이 되어 인구가 많이 감소했고, 이때 많은 사람이 핍박과 학살을 피해 미국과 이스라엘 등지로 이주했다.

린스턴고등연구소에 연구직을 얻어 일했고, 부부는 미국의 시민권을 획득해 평생 미국에서 살았습니다.

제2차 세계 대전이 터지기 직전인 1939년 8월, 전쟁을 피할 수 없는 정세가 닥치자 나치 독일의 승리를 염려한 아인슈타인은, 역시 미국에 망명해 있었던 유대인 핵물리학자 레오 실러르드Leo Szilard(1898~1964)가 프랭클린 루스벨트Franklin D. Roosevelt(1882~1945) 미국 대통령 앞으로 보낸 '극히 강력한 신형 폭탄 제조'를 권유하는 편지에 함께 서명했습니다. 이 편지를 계기로 원자 폭탄 제조를 위한 핵폭탄 개발 프로그램, 맨해튼 계획Manhattan project이 시작되었습니다. 이 프로젝트에는 유럽에서 탈출해 북미 대륙으로 건너온 천재 유대인 연구자들이 대거 참여했습니다.

미국은 전례 없던 원자 폭탄 제조를 단 6년 만에 성공했는데, 제조에 성공한 시점에는 이미 히틀러가 자결하고 나치 독일이 항복을 마친 상황이었습니다. 1945년에 병으로 사망한 루스벨트 대통령을 대신해서 당시 대통령직을 맡았던 해리 트루먼Harry S. Truman(1884~1972) 대통령은 완성된 총 세 발의 원자 폭탄 중 두 발을 일본에 사용했습니다. (제일 첫 번째 폭탄 한 발은 미국 뉴멕시코주의 사막에서 시험적으로 사용되었습니다.) 1945년 8월 6일에는 히로시마에 우라늄을 폭약으로 사용한 핵분열 폭탄 리틀보이Little Boy가, 8월 9일에는 나가사키에 플루토늄을 폭약으로 사용한 핵분열 폭탄 팻맨Fat Man이 투하되어 총 20만 명 이상의 사망자를 냈습니다.

모든 미국인이 이 비밀 병기의 위력에 갈채를 보낸 것만은 아니었습니다. 미래 에너지로 여겨졌던 원자력이 전쟁 무기로 사용된 일에 세계는 충격을 받았습니다. 과학에 대한 신뢰가 사라졌다고 느끼는 사람들도 있었습니다. 원자 폭탄 제조를 제안했던 아인슈타인 역시 많은 지식인과 마찬가지로 핵병기에 반대하는 쪽으로 생각을 바꾸게 되었습니다. 훗날 그 편지를 보낸 일을 후회했다고도 전해집니다.

1955년에 복부 동맥자루 파열로 쓰러진 그는 수술을 거부한 후 사망했습니다. 아인슈타인은 평생 많은 격언과 농담을 남겼는데, 그가 남긴 마지막 말은 그 자리에 있던 간호사가 알아듣지 못하는 독일어였기에 끝내 아무도 알 수 없었습니다.

## 기차가 가르쳐 주는 상대성 원리

다시 기적의 해인 1905년으로 이야기를 되돌려 봅시다. 드디어 특수 상대성 이론 설명을 시작하려 합니다. 되도록 수식을 쓰지 않고 설명할 방침인 만큼, 이론 위주의 추상적인 이야기가 이어질 예정입니다. 이 꼭지가 아마도 이 장에서 가장 이해하기 어려운 부분일 겁니다. 그러니까 여기만 잘 극복하면

나머지 내용은 편하게 읽을 수 있을 겁니다. (혹시 이 꼭지 이후를 읽다가 얘기가 다른 것 같다는 생각이 들면 손을 들어 주세요.)

아인슈타인이 소년 시절부터 골똘히 생각해 온 '빛에 가까운 속도로 달리는 기차 안에서는 무슨 일이 일어날까?' 하는 문제를 어른이 된 아인슈타인은 어떻게 풀었을까요? 이 문제의 답은

"빛에 가까운 속도로 달리는 기차 안에서도 딱히 별다른 일은 일어나지 않는다."

입니다. 기차의 속도가 얼마나 되든, 선로에 커브가 없고 기차가 속도를 높이거나 줄이지 않는다면, 즉 '등속 직선 운동'을 하고 있다면, 기차 안의 광경은 기차가 멈추어 있을 때와 변함이 없습니다. 승객들은 평범하게 먹고 마시며 수다를 떨거나 물리상수에 관한 재밌는 책을 읽는 등의 행위를 기차가 정지해 있을 때와 마찬가지로 즐길 수 있습니다. (단, 이야기가 복잡해지는 것을 방지하기 위해서 이 기차 안에서는 외부와의 통화를 금지합니다.)

여러분도 평소에 기차나 전철을 탈 때, 달리는 열차 안에 있어도 정차한 열차 안에 있는 것과 별다른 차이가 없는 것을 느꼈을 겁니다. 기차가 시속 100km 이상의 매우 빠른 속도로 달린다고 하더라도 기차 안의 승객들이 별다르게 신경 쓸 일이

없지요. 물론 가끔 몸이 휘청거릴 때가 있습니다. 이것은 기차가 속도를 높이거나 줄여서 차체가 흔들리는 때에 그렇습니다. 기차가 덜컹덜컹 진동하는 이유 또한 차체가 미세한 가속을 하기 때문입니다.* 이런 점을 제외하면 등속 직선 운동을 하는 동안의 차내 상태는 정차 상태와 구별할 수 없습니다.

여기까지는 누구나 관찰할 수 있는 일이지만, 아인슈타인의 대담한 추론은 바로 여기에서 특수 상대성 이론을 끌어냈습니다. 이제부터 그 이론을 (조금 정리된 형태로) 따라가 봅시다.

## 특수 상대성 이론은
## 차내 모습이 달라지지 않는다는 이야기

기차가 달리는 중에도 차내 상황이 특별히 달라지지 않는 상태는 물리학 용어를 써서 아래와 같이 나타낼 수 있습니다.

"모든 관성계에서 물리 법칙은 동일하다." (상대성 원리의 첫 번째 원칙)

---

\* 기차나 전철 같은 일반 열차가 달릴 때 덜컹거림이 발생하는 데는 또 다른 이유가 있는데, 철로를 놓을 때 계절에 따른 온도 변화로 레일이 휘거나 손상되는 것을 예방하기 위해서 연결부에 조금씩 틈을 두기 때문이다. 그래서 열차가 달릴 때 철로의 이음매와 닿아 발생하는 이 덜컹거림은, 레일 사이 틈이 없는 장대 레일 위를 달리는 고속철도를 탔을 때는 느낄 수 없다.

여기서 '계system'란 기차, 그리고 차내에 있는 모든 승객과 물체(줄자나 시계 같은 측정 도구까지 포함)를 통틀어서 이르는 말입니다. 이것들이 속도를 높이는 일도 줄이는 일도 없이 등속 직선 운동을 하고 있거나 정지해 있다면, 다시 말해 관성 운동inertial motion을 하고 있다면 바로 관성계inertial system입니다. 모든 관성계에서 물리 법칙이 동일하다는 말은 '달리는 기차 안에서 어떤 물리 실험을 하든, 다른 관성계(예컨대 플랫폼 등)에서 실험할 때와 동일한 법칙을 따른다'라고 바꾸어 말할 수 있습니다.

물리 실험이라고 하면 과학자가 미터기와 레버 따위가 달린 요란한 장치들을 늘어놓고 괴상한 행위를 하는 모습을 떠올리는 사람이 있을지도 모르겠습니다만(없나요……?), 우리가 먹고 마시고 떠드는 등등 인간의 모든 행위는 물리 법칙에 따라서 이루어지니까 딱히 유별난 일을 하지 않아도 물리 실험의 일종이라고 할 수 있습니다. (중력 관련 실험은 모종의 이유로 여기서는 언급하지 않기로 하겠습니다.)

요컨대 상대성 원리principle of relativity의 첫 번째 원칙은 우리가 먹든 마시든 수다를 떨든 어떤 행동을 하더라도, 기차가 멈춰 있을 때나 달리고 있을 때나 차이가 없다는 것을 표현한 말입니다. 이 원칙에서는 다음과 같은 결론이 도출됩니다.

"관성계의 운동 상태는 다른 관성계와 비교하지 않으면 알 수 없다." (상대성 원리의 두 번째 원칙)

이것이 무슨 뜻이냐, 달리는 기차 안에서 이루어진 물리 실험과 멈추어 있는 기차 안에서 이루어진 물리 실험의 결과가 같다면, 실험 결과만 보고 어느 기차가 움직이고 있는 기차인지 판단할 수 없다는 이야기입니다.

내가 타고 있는 기차가 움직이고 있는지 알고 싶으면 간단히 창밖을 보면 됩니다. 그러나 이 행위는 창밖의 계와 기차 계의 운동을 비교하는 일이므로, 기차 내 실험이라고 할 수는 없지요. 일본에서는 운전실 뒤쪽이 투명한 유리로 된 열차를 종종 볼 수 있는데, 이 운전석 뒤에 딱 붙어서 기관사가 운전하는 모습을 지켜보면(정말 재미있지요) 속도계를 통해서 열차의 속도를 알 수 있습니다. 속도계의 원리는 다양한데, 그중에 바퀴의 회전 속도를 측정하는 방식이 있습니다. 바퀴는 철로에 맞추어서 회전하고 철로는 기차 바깥 계의 일부이니, 이 속도계 역시 바깥의 계를 참조하는 셈입니다.

이처럼 생각의 범위를 넓혀 가다 보면 기차가 관성 운동을 하고 있는지, 그렇다고 치면 속도가 얼마나 되는지 등을 기차 안에서의 실험 결과만으로 알기란 불가능합니다. 어느 관성계에서나 물리 법칙이 똑같이 작용한다면, 한 관성계와 다른 관성계의 상대 운동을 비교하지 않고서는 관성계의 운동 상태를 설명할 수가 없습니다. 이렇게 다른 것과 비교해서 결정되는 성질을 '상대적'이라고 합니다. 그러므로

"관성계의 운동 상태는 상대적이다." (상대성 원리의 세 번째 원칙)

라고 말할 수 있습니다. 상대성 이론 교과서에서는 상대성 원리를 위와 같이 (딱딱한 표현으로) 설명합니다.

정리하자면, (특수 상대성 이론의 바탕이 된) 상대성 원리는 기차가 달릴 때나 멈추어 있을 때나 차내의 상태가 변하지 않는다는 이야기를 달리 표현한 것이라 할 수 있습니다. (여기까지 읽고 '상대성 원리, 알고 보니 쉬운걸?' 이렇게 느꼈다면 이야기를 이어 가기가 한결 쉬울 텐데요.)

## 지구상에서는 측정할 수 없는 지구의 움직임

다시 이 장의 주제인 광속을 이야기할 차례입니다. 앞에서 서술한 것처럼 광속의 변화를 측정하려던 마이컬슨·몰리의 실험은 실패로 끝났습니다. 측정 장치가 어떻게 움직여도 광속이 변하지 않는다는 사실이 밝혀졌고, 그 이유를 설명할 방법

이 없었던 전 세계 연구자들이 골머리를 앓았죠. 그런데 아인 슈타인의 상대성 원리로 마이컬슨·몰리의 실험 결과를 설명할 수 있습니다.

마이컬슨·몰리의 실험에서는 왜 그런 결과가 나왔을까요? 이유는 무척 간단합니다. 그들이 클리블랜드 실험실에서 사용했던 실험 장치를 기차에 싣고 달리면 어떤 결과가 나올지 잠시 상상해 보시죠.

상대성 원리에 따르면 기차가 움직일 때나 멈춰 있을 때나 기차 안에서 이루어진 실험의 결과는 똑같습니다. 기차 안에서 이루어지는 두 과학자의 광속 측정 실험만 보고 기차가 움직이고 있는지 아닌지를 알 수는 없습니다. 차내에서 기차 바깥의 무언가와 비교하는 실험을 했을 때만 비로소 기차의 운동 상태를 알 수 있습니다.

이 말은 클리블랜드의 실험실 안에서 아무리 정밀하게 실험을 해 봤자 실험 장치를 싣고 있는 지구의 운동 상태를 알기란 불가능하다는 이야기입니다. 지구 바깥의 무언가와 비교하지 않고서는 지구의 움직임을 측정할 수 없기 때문입니다. 마이컬슨과 몰리의 실험이 실패하는 결말은 상대성 원리에 따라서 처음부터 정해져 있었던 셈이지요.

1장. 광속 *c*로 이해하는

## 광속에 가깝게 달리는 기차에서 탁구 시합을!

설명이 너무 간결해서 왠지 속는 듯한 느낌이 드나요? 기차가 움직이는데 광속이 똑같이 측정된다는 이야기가 부자연스럽게 느껴지나요? 혹여 기차 안에서 이상한 결과가 생겨나지는 않을까 걱정되는지요? 다행히 기차 안에서도 광속은 변하지 않으므로 이상한 결과들은 나타나지 않습니다. 오히려 기차의 속도에 맞추어 광속이 함께 변화한다면 더 기묘한 현상들이 줄줄이 벌어질 겁니다.

이 기차 안에 탁구대를 들여놓고 탁구 시합을 해 볼까요? [그림 1-5]에서처럼 기차가 달리는 역방향으로 선 앞쪽의 선수와 순방향으로 선 뒤쪽의 선수가 승부를 겨룹니다. 기차의 속도가 광속보다 느리다면 우리가 아는 일반적인 탁구 경기와 아무런 차이도 없을 겁니다. 여기까지는 이해가 되죠? (경기 중 차체 흔들림이나 주행 속도의 변화가 없다면) 승부는 운과 실력으로 결정될 테고, 패자는 기차의 속도를 탓할 수도 없습니다.

그러면 기차를 광속에 가까운 속도로 달리게 하면 어떤 일이 일어날까요? 19세기에 살았던 마이컬슨과 몰리라면 (상대성 원리에 반하여) 광속에 변화가 생길 것으로 생각했을지도 모릅니다. 기차 안의 관측자가 느끼기에 앞쪽에서 뒤쪽으로(역방향으로) 날아오는 빛은 빨라지고, 뒤쪽에서 앞쪽으로(순방향으로)

날아오는 빛은 느려질 거라고 예상했겠지요.

만약 실제로 그런 일이 일어난다면, 광속에 극히 가까운 속도로 기차를 달리게 하면 빛이 뒤쪽 선수로부터 앞쪽 선수에게 가닿을 때까지 몇 분이 걸리도록 조절할 수 있습니다. (반대로 앞쪽에서 뒤쪽으로는 순식간에 가닿습니다.) 이러면 뒤쪽에 있는 선수가 압도적으로 유리합니다. 뒤쪽 선수는 탁구공과 상대의 움직임을 모두 관측할 수 있지만, 앞쪽 선수는 탁구공과 상대 선수의 몇 분 전 모습밖에는 볼 수 없기 때문입니다. 공이 어디서 날아올지 예상도 할 수 없으니, 한 번이라도 반격을 해내려면 상당한 실력을 갖추어야 할 겁니다.

이 예로 알 수 있는 것처럼, 만약 (상대성 원리에 반하여) 기차의 속도에 따라서 광속이 변한다면 차내에서 벌어지는 스포츠 경기들은 커다란 영향을 받게 됩니다. 경기가 구기 종목이든 격투기이든 관계없이 모든 시합에서 뒤쪽 선수 혹은 뒤쪽 팀이 압승할 겁니다. 만약 기차 안에서 두 명의 검객이 결투를 벌인다면 뒤쪽 자리를 차지하는 검객이 승리할 겁니다. 그리고 이기는 검객은 회심의 일격을 날리기 직전에 "뒤쪽은 내가 차지했다!" 하고 선언하겠지요.

기차의 속도에 따라서 광속이 변한다면 차내에서 벌어지는 모든 장면마다 이렇게 이상한 일이 일어날 겁니다. 정정당당한 스포츠는 이루어질 수 없으며, 일상적인 동작과 행위가 모

**[그림 1-5] 광속에 가깝게 달리는 기차에서 치는 탁구**

만약 기차 속도에 따라 광속이 변한다면

그러면 탁구를 뒤쪽 자리에서 치면 압도적으로 유리하지 않을까……?

※이런 일은 안 일어납니다.

두 불가능해지는 혼돈에 빠질 겁니다.

하지만 세상만사 만만한 일은 없죠. 마이컬슨과 몰리, 그리고 이러한 현상들을 시합에 활용하고 싶어 하는 사람들의 마음과는 달리 우주를 지배하는 법칙은 이런 '치트 키'를 허용하지 않습니다. 기차가 어떠한 방향과 속도로 달리든 시합은 기차가 멈추어 있을 때와 똑같이 이루어집니다. 기차의 운동 여부가 승부에 영향을 주는 일은 없습니다. 그러므로 우리는 시합 결과만 가지고 기차의 운동 상태를 미루어 짐작할 수 없습니다. 기차의 운동 상태를 알려 주는 광속의 변화는 일어나지 않습니다. 광속이 변하는 것은 상대성 원리에 반하는 일이므로 광속은 변하지 않습니다.

아인슈타인은 어느 관성계에서나 광속이 같은 값을 가지는 것을 광속 불변 원리principle of constancy of light velocity라고 부르고, 특수 상대성 이론의 두 가지 기본 원리 중 하나로 삼았습니다. (물론 다른 하나는 상대성 원리입니다.)

그런데 탁구의 예시로 알 수 있듯이, 광속 불변 원리는 상대성 원리로 도출할 수 있는 내용입니다. 이처럼 어떤 원리에서 또 다른 법칙이 도출되기도 하는데, 이럴 때는 전자만 원리principle로 보고 후자는 정리theorem로 간주하는 것이 일반적인 이론theory의 구성 방식입니다. 즉, 보통의 경우 상대성 원리를 특수 상대성 이론의 기본 원리로 삼았다면 광속 불변은 거기서 도출된 정리로 취급하기 마련이죠. 그러나 왜인지 아인슈타인은 이 두 가지를 함께 특수 상대성 이론의 '원리'라고 일컬었습니다. 그리고 이후 모든 물리 교과서가 굳이 아인슈타인에게 반대하는 일 없이 그의 말을 따랐습니다.

### 줄어드는 기차, 느려지는 시간, 시간차로 관측되는 사건

관성계가 움직이는 동안에도 그곳에서의 광속이 변하지 않는다는 사실은 정말 신기한 일입니다. 아인슈타인의 이론은 만약 광속이 변하면 기차 안에서 여러 기묘한 현상들이 일어날 거라 이야기하지만, 광속이 전혀 변하지 않는다면 그 경우 또한 상식과는 다른 현상이 일어날 것만 같은 기분이 듭니다. 그런데 그것이 실제로 일어납니다.

기차 안에서 탁구 시합을 하는 경우를 다시 떠올려 봅시다. 기차가 어떤 속도로 달리더라도 멈춰 있을 때와 같은 상태로 시합이 이루어진다는 것이 상대성 원리의 가르침입니다. 선수들은 창밖을 보지 않으면 기차가 달리고 있다는 사실도 알아차릴 수 없지요.

그 시합을 기차 밖에서 보면 어떻게 보일까요? 열차가 광속에 극히 가까운 속도로 달리는 경우, 뒤쪽 선수에게서 출발한 빛이 앞쪽 선수에게 가닿기까지 몇 분씩 걸립니다. 반면에 앞쪽 선수에게서 출발한 빛은 뒤쪽 선수에게로 순식간에 가닿습니다.

'아니, 앞에서 설명한 거랑 얘기가 다르잖아. 그러면 시합은 기차의 운동 상태에 영향을 받는다는 소리 아니야?' 이렇게 생각하고 있나요? 흡사 속임수 같은 상황입니다만, 기차 안의 관측자와 기차 밖의 관측자가 볼 때 광속은 변하지 않으며, 심지어 이 사실은 차내에서 열리는 시합에 아무런 영향도 주지 않습니다. 이 '트릭'은 실로 정교하게 실현되고 있습니다.

1. 먼저, 바깥의 관측자가 보면 기차와 탁구대와 탁구공과 선수들이 운동 방향으로 (길이가) 수축해 있습니다. (이것이 앞서 등장했던 로런츠·피츠제럴드 수축입니다.)

2. 거기에 더해, 바깥에 있는 관측자의 시계로 측정하면 차내의 시간은 느리게 흐릅니다. (이것을 '시간 지연'이라고 합니다.)

3. 여기에 또 더해, 기차 바깥에서는 앞쪽 선수의 시간이 뒤쪽 선수의 시간보다 과거를 가리키는 것으로 관측됩니다. 기차의 앞쪽이 정확히 내 눈앞을 지나간 시각과 뒤쪽이 정확히 내 눈앞을 지나간 시각이 다르기 때문입니다. 다시 말하면, 기차 안에서 동시에 일어난 두 사건이 기차 밖에서 보기에는 동시에 일어난 것이 아닐 수 있습니다. (이것을 '동시성의 상대성'이라고 합니다.)

## [그림 1-6] 특수 상대성 이론에 따른 현상

달리는 기차에서 광속을 측정해도 값이 변하지 않는 원리

1. 사물과 척도가 수축한다. (길이 수축)

2. 시간이 느리게 흐른다. (시간 지연)

3. 시간 차이가 발생한다. (동시성의 상대성)

여기가 상대성 이론이 줄곧 감추어 온 송곳니를 드러내고 우리를 덮쳐 오는 지점입니다. 쉽다고 슬쩍 방심한 사이, 느닷없이 본모습을 드러내는 것이지요. 도통 이해하기 어려운 이 문장들이 대체 무슨 뜻일까요? 길이 수축? 시간 지연? 동시성의 상대성? 이 알쏭달쏭한 말들은 다 무엇을 이야기하고자 하는 걸까요?

시간과 길이가 이처럼 말도 안 되게 돌아가는 상황이 오면 차내가 온통 엉망진창 대공황에 빠지지 않을까요? 그렇지 않습니다. 지겨우리만큼 강조하지만, 차내의 상황은 기차가 멈추어 있을 때와 무엇도 다르지 않을 겁니다. 빛은 광속으로 날고, 승객들은 평온하게 먹거나 마시거나 대화를 나눌 것이며, 탁구공은 앞뒤를 왕복하고, 검객의 결투 또한 계속됩니다. 승객들도 선수들도 검객들도 본인들이 수축해 있는 것을, 시간이 느리게 흐르고 있는 것을, 동시성이 무너진 것을, 차내 상태를 통해서는 알아차리지 못합니다.

기차 안의 관측자가 보기에 차내의 상태에 변함이 없는 까닭, 다시 말해서 상대성 원리가 지켜지고 있는 까닭은, 기차 밖의 관측자가 볼 때 로런츠·피츠제럴드 수축과 시간 지연 현상과 동시성의 상대성이 일어나고 있기 때문입니다.

이상의 내용이 상대성 이론에서 도출되는 결론입니다. 온갖 상식을 거스르는 듯한 결론이지만, 지금까지 이루어진 무수한

1장. 광속 *c*로 이해하는

실험과 관찰의 결과들과 일치하는 결론입니다. 어떠한 모순도 찾아볼 수 없습니다. 도리어 이 결론 덕분에 모순을 피할 수 있지요. 우주는 이렇게 만들어져 있습니다.

## 이 세상의 최고 속도는 광속

지금까지 길이가 줄어들고 시간이 느려지는 기묘한 기차가 달리며 설명을 도왔습니다. 이 기차는 아인슈타인이 직접 쓴 해설서에도 등장하는 유서 깊은 기차로, 벌써 100년 넘게 수많은 책을 종횡무진 가로지르며 독자들의 길잡이가(혹은 혼란의 기폭제가) 되어 왔습니다. 이 꼭지에서는 이 기차를 한 바퀴만 더 달리게 하겠습니다. 이번에는 광속을 돌파해 봅시다.

객차를 광속에 가까운 속도로 끌어 주는 증기 기관이나 전동기, 혹은 더 미래적인 추진기에 석탄이나 전력, 혹은 반물질 antimatter을 계속 추가해서 드디어 30만 km/s의 속도에 도달했다고 가정해 봅시다. 이어서 40만 km/s를 넘고, 끝내 100만 km/s를 돌파한 속도계가 이제는 아예 시속 100억 광년을 가리키고 있다고 가정해도 좋겠지요. 그러면 차내에서는 어떤 일이 일어날까요?

사실 이 문제에는 정답이 없으므로 차내의 모습이 어떨지를 머릿속에서 자유롭게 그려 볼 수 있습니다. 단, 한 가지 분명한 건 드디어 상대성 원리가 깨진다는 사실입니다.

광속으로, 또는 그보다 빠른 속도로 달리는 기차 안에서 평상시처럼 물리 실험을 하는 일은 불가능합니다. 혹시 차내에서 광속을 측정한다면, 차내의 표준이나 시계를 (모순이 발생하지 않도록 물리적 정합성을 유지하면서) 아무리 늘이고 줄이더라도 차내와 차 밖의 측정 결과를 똑같게 만들 수 없습니다. 차내에서는 광속에 이변이 일어난 것을 알아차리거나, 혹은 애초에 실험 자체가 불가능할 것입니다.

광속 측정뿐 아니라 먹고 마시고 대화를 나누고 탁구나 결투를 하는 등의 모든 행위가 물리 법칙을 따르는 물리 실험에 해당하므로, 무엇 하나 평범한 기차 운행 때와는 같지 않을 겁니다. 승객들은 (의식이 있다면) 차내의 이상을 알아차릴 테고, 창밖을 보지 않더라도 기차의 속도가 이미 광속을 뛰어넘은 것을 알 수 있습니다. 이러한 상태는

"모든 관성계에서 물리 법칙은 동일하다."
"관성계의 운동 상태는 다른 관성계와 비교하지 않으면 알 수 없다."
"관성계의 운동 상태는 상대적이다."

라는 원칙을 갖는 상대성 원리를 거스릅니다. 즉, 우주의 기

본 원칙이 깨진 상태입니다. 이 고찰로부터 어떤 물체도

"빛의 속도를 뛰어넘을 수는 없다."

하는 상대성 이론의 중요한 결론이 도출됩니다. 기차가 광속을 뛰어넘으면 물리 법칙이 깨져 버립니다. 인간을 태운 기차만 광속을 뛰어넘지 못하는 게 아니라, 원자 하나도 광속을 뛰어넘는 일이 허용되지 않습니다. 만에 하나 광속을 뛰어넘는다면 우리가 아는 통상적인 물리 법칙이 더는 성립하지 않게 됩니다. (이처럼 통상적이지 않은 물리 법칙이나 광속을 뛰어넘는 입자를 찾고자 하는 연구도 있습니다. 그러나 현재까지 상대성 원리를 거스르는 현상은 발견되지 않았습니다.)

### 탁구공은 광속을 뛰어넘을 수 있을 것인가?

무엇도 광속을 뛰어넘을 수 없다는 이야기를 들으면 머릿속에 수많은 물음표가 솟아오르는 느낌이 들기도 합니다. 왠지 우리의 직관이나 상식과는 동떨어진 느낌도 들고요. 가령 광속의 50% 속도로 달리는 기차 안에서, 탁구공을 광속의 50% 속도로 서브해서 앞쪽으로 날리면(실현 가능한 일입니다) 탁구공은 어떻게 될까요? 차 밖에서 본다면 탁구공은 광속에 도달하

**[그림 1-7] 광속은 뛰어넘을 수 없다**

기차의 속도는
광속의 90%

탁구공의 속도는
광속의 90%

차 바깥에서 측정하면
탁구공의 속도는
광속의 99%

지 않겠냐는 답을 자꾸 내놓고 싶어집니다.

하지만 상대성 이론에 따라서 계산하면 광속의 50%로 달리
는 기차 안의 표준은 수축하고, 시계는 느리게 돌아가므로, 차
안의 선수들이 때린 광속의 50% 속도를 가진 탁구공은 차 밖
에서 광속의 80% 속도로 관측됩니다. 광속에는 도달할 수 없
습니다. 기차를 광속의 90% 속도로 달리게 하고 서브도 광속
의 90% 속도로 쳐 보내면, 탁구공은 차 밖에서 관측했을 때 광
속의 99% 속도를 가집니다. 역시 광속에 도달하기에는 조금
부족합니다.

1장. 광속 $c$로 이해하는

광속보다 느리게 달리는 기차에서 물체를 광속보다 느린 속도로 때린다면, 그 물체는 기차 밖에서 관찰했을 때 반드시 광속보다 느립니다. 광속보다 느린 속도에 광속보다 느린 또 다른 속도를 합쳐 봐야 광속 이상의 속도가 나올 수 없습니다.

## 광속에 가깝게 움직이는 물체는 극단적으로 무거워진다

물체가 광속을 뛰어넘을 수 없는 이유는 다른 논리로도 설명할 수 있습니다. 물체가 운동을 하면 '질량 증가' 현상이 일어납니다. 물체의 속도가 광속에 가까워지면 (다른 관성계에서 측정한 것보다) 질량이 증가하는데, 쉽게 말하면 해당 물체가 무거워진다는 이야기입니다. 단, 그 물체와 같은 속도와 방향으로 움직이고 있는(즉, 같은 관성계에 있는) 관측자에게는 해당 물체의 질량이 변하지 않습니다.

이것도 상대성 이론의 이상한 점 가운데 하나입니다. 무슨 일이 있어도 절대 변하지 않을 줄 알았던 고유한 성질인 질량이 변하다니, 심지어 그 측정값이 관측자에 따라서 달라진다니요. 그런데 이 주장 역시 실험해 보면 사실임을 알 수 있습니다. 입자 가속기particle accelerator라는 장치로 광속에 가깝게 가속한 입자는 질량이 커집니다.

질량이 작은 가벼운 물체에 힘을 가하면 쉽게 속도가 붙어

훅 날아가지만, 같은 힘을 질량이 큰 무거운 물체에 가하면 그리 속도가 붙지 않습니다. 이건 우리가 일상적으로 경험하고 있는 일이지요.

광속에 가까운 속도를 가지는 물체의 질량은 극단적으로 무겁습니다. (우주에서는 정지 상태일 때보다 100배 혹은 100만 배 등 터무니없이 질량이 늘어난 물체들도 발견됩니다.) 그 물체에 힘을 더욱 가해서 속도를 붙이려고 해도 속도는 거의 변하지 않습니다.

이런 특징 때문에 이미 광속에 가까운 물체를 더욱 가속해서 광속에 도달하게 만드는 일은 불가능합니다. 이것이 물체를 광속까지 가속할 수 없는 이유입니다.

## 에너지는, 물체가 얼마나 힘찬지를 보여 주는 양

운동하는 물체는 에너지를 가집니다. 여기서 '에너지란 무엇인가?' 하는 설명을 시작한다면 그것도 나름대로 재미있는 이야기가 될 테지만, 이 장의 주제인 광속으로 돌아오기가 어려워질 것 같으니 다음 기회로 미루겠습니다. 지금은 에너지에 관해서 아래와 같은 간단한 정리만 남겨 둘까 합니다.

"운동 중인 물체나 가열된 물체, 압축 상태의 용수철, 충전된 전지 등은 다른 물체에 작용해 그 물체를 운동시키거나 가열하거나 변형시킬 수 있다. 이렇게 어떤 물체가 다른 물체에 작용해서 운동시키거나 가열하거나 변형시키는 등의 능력을 에너지라고 한다."

왜 여기서 가열과 용수철 얘기가 나오는지 혼란스러운 독자들은 '에너지는 물체가 얼마나 힘찬지를 보여 주는 양'이라는 이미지 정도만 가지고 다음 내용으로 따라와 보세요.

운동하는 물체가 가지는 에너지인 운동 에너지kinetic energy는 속도가 빠를수록, 또 물체의 질량이 클수록 증가합니다. 정지한 물체의 운동 에너지는 0입니다. 여기에 운동 에너지를 주면 물체가 움직이기 시작합니다.

바로 이때, 물체의 질량이 증가합니다. 일상적인 속도에서는 이 증가량이 아주아주 극도로 작아서 일반적인 측정 장치로는 알아낼 수도 없습니다. 정지해 있을 때 질량(정지 질량)이 100t(톤)인 비행기가 300m/s로 날 때 질량은 0.1mg도 늘어나지 않는데, 이 정도는 고운 소금 알갱이 한 알이 비행기에 달라붙는 수준의 증가량입니다. (일상적인 속도에 적용되는 상대성 이론 효과들이 대충 다 이 정도 수준입니다.)

그러나 속도가 광속에 가까워지면 질량은 마구마구 늘어납니다. 부여된 에너지가 속도 증가에는 거의 쓰이지 않고, 대부분 질량 증가에 쓰인다고 표현할 수 있을 정도입니다.

## 그 유명한 수식의 등장

물체에 주어진 에너지와 늘어난 질량의 관계는 간단한 식으로 나타낼 수 있습니다. 그 식이 바로

$$E = mc^2$$

입니다. 정말 간단해 보이지요? 여기서 $E$는 물체에 주어진 에너지, $m$은 질량 증가분, $c$는 광속입니다. 이 식은 물체에 에너지를 부여해 가속하면 그에 따라서 질량이 늘어난다고 말하고 있습니다. $c^2$은 그 비례 상수proportional factor입니다.

$c$는 30만 km/s라는 무지막지하게 큰 값이므로, 이걸 제곱하면 무지막지함도 제곱이 되어 9경 $m^2/s^2$이 됩니다. 숫자로만 나열하면 $90,000,000,000,000,000m^2/s^2$입니다. 아주 작은 질량이라도 이렇게 무지막지한 제곱과 만나면 좌변에 막대한 에너지($E$) 값을 가지게 됩니다. 예를 들어 고운 소금 알갱이 질량 정도에 불과한 0.1mg도 $c^2$을 곱하면 90억 $kg·m^2/s^2$ 즉, 90억 J(줄)의 에너지를 가지게 됩니다. 이 에너지는 100t짜리 비행기를 300m/s로 날리는 힘입니다.

이렇듯 물체에 운동 에너지를 부여하면 질량이 늘어납니다. (단, 막대한 에너지를 주더라도 질량의 증가분은 극히 작습니다. 그러므

1장. 광속 $c$로 이해하는

로 일상적인 속도에서는 전혀 변화를 알아차릴 수 없지요.) 운동 에너지뿐 아니라 열에너지, 탄성 에너지 등 모든 에너지가 이러한 면(질량과의 관계)에서 똑같습니다.

## 에너지와 질량은 서로 변환될 수 있다

앞에서 에너지란 '다른 물체에 작용해서 운동을 시키거나 변형을 일으키는 능력'이라고 했습니다. 그러니까 이런 능력을 갖춘 물체는 에너지를 가진 것입니다. 운동하는 물체가 가지는 운동 에너지 외에도 에너지에는 다양한 형태가 있습니다.

압축 상태의 용수철은 탄성 에너지elastic potential energy를 가집니다. 압축되어 있던 용수철은 늘어나면서 다른 물체를 밀어서 운동시키는 능력을 갖췄습니다. 우리가 용수철을 눌러서 압축할 때, 용수철에는 탄성 에너지가 주어집니다.

가열된 물체는 열에너지thermal energy를 가집니다. 그냥 간단히 '열을 가진다'라고 말해도 됩니다. 물체를 가열한다는 말은 곧 열에너지를 준다는 말입니다.

그 밖에도 충전된 전지는 전기 에너지electric potential energy를 가지고, 높은 탑 위로 가지고 올라간 물체는 위치 에너지potential energy를 가집니다. 쌀밥과 휘발유는 화학 에너지chemical energy를 가집니다. 세상에는 이처럼 다양한 종류의 에너지가 있습니다.

운동 에너지뿐 아니라 이렇게 다양한 에너지들이 모두 질량을 가집니다. 어떤 에너지도 예외는 없습니다. 용수철을 눌러서 탄성 에너지를 부여하면 용수철의 질량이 증가합니다. 압축 상태의 용수철은 원래 상태보다 미세하게 무거워져 있지요. 다만, 그 차이는 현재의 어떤 정밀한 저울로도 알아낼 수 없을 정도로 작습니다.

물을 가열해서 끓이는 일은 물에 열에너지를 주어 끓는 물을 만드는 일입니다. 이때 물의 질량도 살짝 늘어납니다. 여기서 '살짝'은 얼마큼일까요? 수영장에 500t의 물을 가득 채우고 0℃에서 100℃까지 가열하면 질량이 2mg가량 증가하는 수준이죠. 이것 역시 현재 기술로는 측정할 수 없습니다.

그 밖에도 충전한 전지는 살짝 무거워지고, 물체를 높은 탑 위로 가지고 올라가면 물체와 지구를 합친 질량이 살짝 늘어나며, 쌀밥을 소화하거나 휘발유를 가열한 뒤에는 남겨진 이산화탄소와 수증기 등을 합친 질량이 처음보다 살짝 줄어 있습니다.*

이렇듯 에너지와 질량은 별개의 양이 아니라 서로 변환될 수 있는 양입니다. 이것을 질량-에너지 등가 원리mass-energy

---

* 이렇게 줄어든 질량을 '질량 결손'이라고 한다. 질량 결손이 생기는 까닭은 소화나 연소 등 반응 과정에서 에너지를 방출하기 때문이다. 즉, 물체에 에너지를 부여하면(물체가 에너지를 흡수하면) 질량이 증가하고, 물체가 에너지를 방출하면 질량이 감소한다.

1장. 광속 *c*로 이해하는

equivalence principal라고 합니다. (다만 1kg의 질량과 변환할 수 있는 에너지는 약 $10^{17}$J인데, 우주가 같은 값(등가)으로 치는 이 관계가 인간의 눈에는 매우 불평등해 보이기는 합니다.)

## 광속이 느려진다면 세계 경제는 대혼란 속으로

진공에서 광속은 299,792,458m/s, 간단히 하면 약 30만 km/s입니다. 광속 $c$는 보편 상수 중에서도 가장 안정적이고 신뢰성이 높은 상수로, 누가 언제 어떤 운동을 하면서 측정하더라도 똑같은 값을 보여 줍니다.

우리는 평소에 광속의 정확한 수치 같은 것은 딱히 신경 쓰지 않고 살아갑니다. 그런데 이런 생활은 광속이 딱 지금의 이 값을 가졌기 때문에 성립된 것입니다. 만약 광속이 다른 값을 가졌다면 우리의 삶은 지금과는 전혀 다른 모습이었을 겁니다. 광속이 달랐다면 우주는 어떤 모습이었을까요? 우리는 어떠한 세계에서 살았을까요?

만약 내일부터 광속이 30m/s, 즉 지금의 1000만분의 1이 된다면 세상은 어떻게 달라질까요? 30m/s는 대략 100km/h로, 자동차나 기차도 낼 수 있는 속도입니다. 오늘까지 빛은 1초에 지구를 일곱 바퀴 반 돌 수 있는 속도를 가졌습니다. 그러나 내일부터 광속이 지금의 1000만분의 1로 느려지면 빛이 지구 한 바퀴를 도는 데 보름이 걸립니다. 전파나 광통신을 이용해 미국에 연락하면 답이 돌아오는 데 일주일가량 걸리고, 국제 전화도 온라인 게임도 불가능해지는 상황이 닥칩니다. 뉴욕 증권 시장의 폭락은 일주일이 지나야 도쿄의 주식 시장에 영향을 미칠 수 있습니다. 세계 경제는 전보telegraphy가 등장하기 이전의 상황으로 되돌아가겠지요.

## 달리는 동안 94m가 되는 상대론적 100m 달리기

그렇다면 운동하는 물체에는 무슨 일이 일어날까요? 단거리 달리기 선수는 100m를 약 10초에 달립니다. 내일부터 광속이 30m/s가 된다면 10m/s는 광속의 3분의 1에 해당하는 속도입니다. 이런 속도에서는 상대성 이론 효과가 나타납니다. 계산해 보면 대략 6%의 영향이 발생하지요.

우선 로런츠·피츠제럴드 수축 때문에 관중들이 보기에 달리는 선수의 몸은 가로로(운동 방향으로) 6%가량 줄어듭니다. 멈추어 있을 때 30cm라면, 달리고 있을 때는 28cm로 줄어드는 것이죠. (이 정도 차이라면 눈에 확 띄지는 않겠지요?) 그리고 시작 지점부터 도착 지점까지의 거리는 100m일 테지만, 달리는 선수에게는 6% 줄어든 94m가 됩니다. (선수에게는 이 차이가 무시할 수 없는 거리일 테죠.)

1장. 광속 $c$로 이해하는

다음으로, 시간 지연 현상 때문에 선수가 느끼는 주행 시간은 6% 단축됩니다. 관중들과 심판의 10초가 선수의 손목시계에서는 9.4초가 되지요. (이 차이는 기록을 좌우하는 중대한 시간차로 느껴집니다.) 그러나 심판의 스톱워치는 시간 지연의 영향을 받지 않으므로 선수는 9.4초로 신기록 수립을 인정받을 수 없습니다. 선수가 항의해 봤자 소용없을 겁니다.

이제 조금 까다로운 부분을 살펴봅시다. 선수의 몸무게 변화입니다. 상대성 이론에 따르면 운동 에너지를 받아서 달리는 물체의 질량은 증가합니다. 그렇다면 달리기 전에 100kg이던 몸무게가 달리기 시작하면 6% 늘어나 106kg이 될까요? 그리고 도착 지점에서 멈추면 다시 100kg으로 돌아올까요?

그렇지는 않습니다. 달리는 선수의 몸무게가 얼마나 늘어나고 줄어드는지는 그 운동 에너지가 어디서 왔느냐에 따라 달라집니다.

달리는 선수의 운동 에너지는 선수가 먹은 아침밥에서 옵니다. 선수의 몸은 (아침밥에 들어 있던) 탄수화물 등을 산소와 화합시키는 반응을 이용해서 근육의 섬유를 수축시켜 선수가 달리게 만듭니다. 즉, 탄수화물 등이 가지고 있던 화학 에너지가 운동 에너지로 변환되는 것입니다. 그리고 6kg의 운동 에너지를 만들어 내려면 6kg의 화학 에너지가 필요합니다. (실제로는 화학 에너지의 일부가 운동 에너지로 변환되지 않고 열이 되어 몸 밖으로 버려지기도 하는데, 편의상 그것까지는 생각하지 않기로 합시다. 마찬가지로 선수의 호흡과 땀의 양 등은 계산에 포함하지 않겠습니다.)

그러면 결국엔 어떻게 될까요? 먼저, 달리기 전에 100kg이던 선수(와 몸속의 아침밥)의 무게(정지 질량)는 광속의 3분의 1 속도로 경기장을 달릴 때나, 관객들이 몸무게를 측정해 줄 때나 모두 100kg으로 같습니다.

선수가 달리는 동안에는 몸속의 아침밥이 화학 반응을 통해 이산화탄소와 물 등으로 바뀝니다(우리가 계산하기 편하도록 선수는 숨쉬기와 땀 흘리기 등을 멈추고 있습니다). 이 화학적 변화로 화학 에너지가 감소하기 때문에 선수와 아침밥의 정지 질량이 감소하므로, 선수가 달리면서 직접 본인의 체중을 잰다면 6% 줄어든 94kg이 나올 겁니다.

이제 선수가 골인해서 제자리에 멈추면, 관중들이 측정하는 몸무게와 선수 자신이 측정하는 몸무게가 94kg으로 일치하게 됩니다. 조금 전까지 가지고 있던 6kg만큼의 운동 에너지가 제자리에 멈추는 순간의 마찰열 등으로 바뀌어 주변으로 옮아가고, 그에 따라서 선수의 몸무게가 줄어든 것입니다. (대신에 그 열에너지를 받아서 데워진 주변의 지면과 공기 등의 질량은 6kg 늘어났지요.)

## [그림1-8] 광속이 느린 세상에서의 100m 달리기

광속의 3분의 1로 달리면……

선수와 관중의 측정값에 차이가 생긴다.

멈추면 선수와 관중의 측정값이 일치한다.

## 에너지는 제멋대로 사라지거나 생겨나지 않는다

'광속에 가깝게 운동하면 질량이 늘어난다더니, 이번에는 또 줄어든다고요?' 이렇게 항의하고 싶은 독자도 있을 줄 압니다. 조금만 더 인내심을 발휘해 주세요. 이 문제는 에너지 보존 법칙law of energy conservation을 알면 이해되리라 생각합니다.

'보존'은 개념이 빠르게 와닿지 않는 물리학 특유의 표현 중 하나인데, 쉽게 말해 '제멋대로 사라지거나 생겨나지 않는다'는 뜻입니다. 그러니 이제 에너지 보존 법칙은 '에너지가 제멋대로 사라지거나 생겨나지 않는 원칙'이라고 이해해 주세요. (원래는 내일부터 광속이 변한다는 가정도 원칙에 어긋나는 생각이지만, 그래도 에너지 보존 법칙 같은 기본적인 물리 법칙은 최대한 지켜가며 설명하겠습니다.) 바로 이 에너지 보존 법칙 때문에, 선수가 외부에서 에너지를 흡수하지 않는 이상, 몸의 에너지는 증가하지 않습니다.

에너지는 질량과 변환될 수 있는 양이므로 에너지 보존 법칙은 질량 보존 법칙law of conservation of mass이기도 합니다. 이게 무슨 말이냐, 달리기 전 선수의 질량을 관중이 측정했을 때 100kg이었다면, 선수가 달리기 시작한 후에도 질량이 제멋대로 생겨나거나 사라지지 않고 보존되므로 계속 100kg이라는 얘깁니다.

만약 상대론적인 속도로 운동하는 기차와 차내 승객 등의 질량이 출발 전보다 증가했다면, 이것은 기차 바깥에서 에너지를 주어서 기차를 가속한 경우입니다. 이때 질량은 기차에 주어지는 에너지만큼 증가합니다.

달리기 선수는 배 속에 든 아침밥만큼의 화학 에너지를 운동 에너지로 바꾸어서 달리지만, 관중들이 볼 때는 선수가 가진 에너지가 보존되므로 질량이 변하지 않습니다. 골인 지점에 도착해 멈출 때는 운동 에너지를 주위에 버리므로 가지고 있던 에너지가 감소하고, 따라서 질량도 감소합니다.

내일부터 광속이 지금의 1000만분의 1로 줄어든다면, 100m를 10m/s 속도로 달렸을 때 감소하는 질량이 6%나 되는 것이지요.

## 계단을 5m 오르면 체중이 6% 줄어드는 상대론적 다이어트

이제 우리는 광속이 지금의 1000만분의 1로 줄어든 세상에서 몸무게의 6%를 줄이려면 10m/s로 달리면 된다는 사실을 알았습니다. 달리기를 마친 후에 측정하면 운동 에너지를 잃은 만큼 몸무게가 줄 것이며, 편의상 계산에 넣지 않은 화학 에너지도 소비되었을 테니 실제 몸무게는 6% 이상 감소할 것입니다.

잠시 광속과는 관련 없는 토막 지식을 소개합니다. 경기장을 10m/s로 달릴 때의 운동 에너지는 계단을 5m 오르는 위치 에너지와 같습니다. 대략 1층에서 3층까지 오르는 정도의 높이죠. 경기장을 10m/s로 빠르게 달리는 일은 뛰어난 운동선수가 아니고서는 힘들지만, 계단을 오르는 일은 저 같은 운동 약자도 할 수 있습니다. 그러니 이제부터 계단을 5m 오르면 엘리트 운동선수의 질주에 대적할 만한 업적을 달성한 셈이라고 기분 좋게 생각합시다.

다시, 광속이 지금의 1000만분의 1로 줄어든 세상을 생각해봅시다. 이런 우주에서는 질량-에너지 등가 원리에 따라 에너지와 서로 변환되는 질량이 꽤 큽니다. 그래서 에너지가 살짝 드나들기만 해도 질량이 눈에 띄게 증가 혹은 감소하지요. 예컨대 계단을 5m 올라갔다가 내려오는 것만으로도 체내 화학에너지가 몸무게의 6% 이상 소비되어 몸무게가 최소 6% 감소합니다. 이처럼 광속이 느린 세계에서는 (물리학적인 의미의 운동이 아니라 몸을 움직이는 것을 말하는) 운동의 효과가 즉각적으로 나타납니다. 이것을 상대론적 다이어트라고 불러도 좋지 않을까요?

한 가지 더 짚고 넘어갑시다. 보통 성인의 1일 소비 열량은 약 2,000kcal로, 이것을 국제단위계로 환산하면 800만 J입니다. (칼로리를 폐지하고 에너지의 단위를 줄로 통일하면 이렇게 성가신 계산도 필요 없을 텐데 말이죠.) 또한 이것을 $E = mc^2$ 관계식을 이용해서 질량으로 환산하면 약 9t이 됩니다. 즉, 광속이 지금의 1000만분의 1로 줄어든 세상에서는 생명을 유지하려면 매일 9t의 에너지원을 섭취해야 한다는 결론이 나옵니다. 단, 여기서 말하는 9t의 에너지원이 산더미같이 쌓인 음식을 뜻하는 것은 아닙니다.

밭에서 햇빛을 받으며 자란 작물들은 원료인 이산화탄소나 물 등과 비교하면 높은 화학 에너지를 가진 복잡한 분자들로 이루어져 있습니다. 작물이 이 분자들을 만들 때는 햇빛의 에너지를 화학 에너지로 바꾸어서 분자 안에 가두는데, 이 화학 에너지 때문에 이때의 분자 한 개는 우리에게 친숙한 분자 한 개보다도 큰 질량을 가집니다. 따라서 광속이 느린 세상에서 9t의 화학 에너지를 가지는 음식을 부피와 분자의 개수로 비교해 본다면, 지금 우리의 하루 식사와 그리 다르지 않을 겁니다.

그런데 우리가 아는 분자가 광속이 느린 세상에서도 과연 존재할 수 있을까요?

## 광속이 지금보다 느렸다면 태양은 얼어붙었을 것

작물이 성장하는 데 필요한 햇빛은 태양 표면에서 복사된 빛입니다. 복사radiation란 열이나 빛, 에너지 등이 사방으로 방출된다는 뜻이죠. 태양, 숯불, 요즘은 찾아보기 어려워진 백열전구의 필라멘트 등 온도를 가지는 불투명한 물체는 모두 표면에서 빛을 방출합니다. 이렇게 물체 표면에서 빛이 방출되는 현상을 흑체 복사black body radiation라고 하며, 온도가 높을수록 강하고 밝은 빛이 나옵니다.

광속이 지금의 1000만분의 1로 줄어들면 흑체 복사의 효율은 100조 배가 됩니다. 광속이 느려지면 빛의 파장이 짧아지는데, 그러면 흑체 복사를 하는 물체의 표면적이 넓어지는 것과 같은 효과를 낳기 때문입니다. 물체의 표면적이 넓어지면 복사의 총량이 많아지겠죠. 따라서 복사 효율이 높으면 저온의 물체도 강한 빛을 내며 다량의 에너지를 내뿜습니다.

우리의 태양에서 복사되는 에너지는 $3.86 \times 10^{38}$W(와트), 즉 386만 W의 1경 배의 1경 배입니다. 도통 어느 정도인지 감을 잡기 어려울 만큼 방대한 양입니다. 이 에너지를 방출하는 태양의 표면 온도는 5,777K(켈빈), 즉 5,500℃로, 모든 것을 녹여버릴 수 있는 고온이지요.

그러나 광속이 지금의 1000만분의 1로 느려지면 흑체 복사의 효율이 높아지므로 태양 표면이 지금만큼 고온이 아니어도 같은 양의 에너지를 방출할 수 있습니다. 계산해 보면 그 상황의 태양 표면 온도는 1.8K, 즉 -271.3℃로 떨어집니다. 모든 것이 얼어붙어 버릴 극저온입니다.

1장. 광속 $c$로 이해하는

이런 극저온에서는 태양의 주성분인 수소가 얼어 딱딱한 고체가 될 테고, 모든 원소 중에서 가장 얼리기 힘든 물질인 헬륨도 (압력이 조금 필요하긴 할 테지만) 굴복하고 얼어붙을 겁니다. 그러니 태양도, 다른 항성과 행성 들도 모두 얼어붙겠지요.

흑체 복사의 효율이 높아지면 세상의 열에너지 대부분이 이처럼 방출되느라 물체를 덥히는 쪽으로는 분배되지 않습니다. 광속이 느려진 우주는 얼어붙은 저온의 물체들이 여기저기에 떠 있고 빛이 그 사이사이의 공간을 채우는, 맑고 깨끗하지만 쓸쓸한 곳이 될 것입니다.

## 낯선 원자들로 만들어질 우주

광속이 느린 세계가 저온이든 고온이든 그곳에는 '물질'이 존재할 수 있을까요? 만약 존재하더라도 우리가 알고 있는 원자나 분자로 이루어지는 물질과는 다른 물질이 될 것으로 여겨집니다. 왜 그런지 알기 위해 원자가 어떻게 이루어졌는지 살펴봅시다.

우리가 아는 원자는 원자핵이라는 양(+)전하를 가지는 입자를 중심에 두고, 그 주변으로 음(-)전하를 가지는 전자들이 모여들어서 만들어집니다. 원자핵과 전자는 서로를 전기력electric force으로 끌어당기는데, 그 힘이 원자의 구조를 정하며, 원자의 구조가 원소의 화학적 성질을 결정합니다.

자기력magnetic force도 마찬가지로 원자의 구조를 정하는 중요한 요소입니다. 원자를 구성하는 전자는 한자리에 가만있지 않고 뱅글뱅글 돌아다니는데,[*] 이러한 전자의 운동 때문에 원자는 자기장을 가질 수 있습니다. 그리고 뱅글뱅글 돌아다니는 전자 역시 자기력을 가지는 전자석 하나로 간주할 수 있습니다.

전자끼리는 전기력과 자기력의 영향으로 서로서로 복잡하게 힘을 미치고, 그것이 원자마다 다른 구조를 만들어서 원소 주기율표에 나열된 다양한 원소들의 각양각색 성질을 만들어 내고 있습니다.

한편, 여태껏 설명에 포함하지 않았지만, 빛의 또 다른 이름은 전자기파electromagnetic wave입니다. 전자기파는 전기장과 자기장의 주기적인 진동이 주변에 전파되는 현상이므로, 전기의 성질과 자기의 성질을 둘 다 갖고 있습니다.

지금 우리는 내일부터 (다른 물리 법칙들은 되도록 유지하면서) 광속이 지금의 1000만분의 1이 된다는 가정하에 세상에 어떤 변화가 일어날지 생각해 보고 있습니다. 그런데 전자기학의 법칙

---

[*] 전자가 '스핀'이라는 물리량을 갖고 원자핵 주위를 도는 궤도 운동을 하고 있다는 뜻. 정확한 비유는 아니지만, 흔히 전자의 스핀은 지구가 자전하는 것으로, 궤도 운동은 지구가 태양 주위를 공전하는 것으로 비유하곤 한다.

이나 물리상수를 그대로 유지하면서 광속만 느려지게 만드는 일은 불가능합니다. 광속은 전자기학의 물리상수 중 하나이기 때문입니다. (앞에서 말했듯 빛은 전자기파니까요.) 그러므로 가정이 성립하려면 전기력의 법칙이나 자기력의 법칙 중 적어도 하나에는 변화를 줘야 합니다.

여기서 우리는 자기력을 한번 건드려 봅시다. 구체적으로는 진공투자율magnetic constant$(\mu_0)$**이라는 물리상수를 100조 배로 만들어 보겠습니다. (뒤에서 또 다른 보편 상수인 기본전하량 $e$에 관해 이야기할 예정인데, 여기서는 편의상 전자의 전하량과 전기력에는 변화가 없는 것을 전제로 이야기하겠습니다.) 이렇게 하면 전자와 전자 사이에 작용하는 자기력이 100조 배로 늘어납니다. 이는 원자 속에서 작용하는 전기력을 압도하는 세기입니다.

본래 원자의 구조는 주된 힘인 전기력과 그보다 약한 자기력으로 인하여 만들어지는데, 자기력이 압도적으로 강해지면 이 구조를 근본적으로 바꾸어 버릴 겁니다. 그렇게 되면 원자 내부를 뱅글뱅글 돌아다니는 전자가 어떤 궤도를 택할지는 자기력에 따라서 결정되겠지요. 원자의 에너지, 안정성, 다른 원자와 결합하는 방식 등이 모두 자기력에 지배됩니다.

---

** 투자율은 물질의 자기적 성질을 나타내는 물질 고유의 물리량으로, 외부 자기장에 반응하여 물질이 자기화되는 정도를 나타낸다. 진공투자율은 아무것도 없는 진공의 투자율을 말한다.

광속이 지금과 같은 세상에서 전자들은 서로 전기력으로 반발하기 때문에 절대로 결합할 수 없습니다. 하지만 광속이 지금의 1000만분의 1이 되면 자기력으로 인해서 전자들이 몇 개씩 결합하는 일이 생길 겁니다. 지금 세상에는 없는 새로운 원자의 탄생입니다.

그런 새로운 물질로 만들어지는 환경에서는 어떤 원소가 존재하고, 어떠한 화합물들이 어떻게 반응을 할까요? 이는 예상하기 무척 어려운 문제입니다. 각 원소의 천차만별한 성질을 만드는 것이 바로 원자핵과 전자처럼 극히 단순한 재료로 이루어진 원자들이기 때문이지요. 이 사실로 미루어 새로운 원자와 원소의 성질을 예상하기가 얼마나 어려울지 충분히 '예상'할 수 있으리라 생각합니다. 저의 상상으로는 광속과 자기력 등이 지금과 다른 세상 또한 다양한 종류의 물질들로 가득 찬 풍요로운 세계일 것 같습니다.

# 만유인력상수 *G*로
# 이해하는
# 우주의 구조

## 지구가 둥근 것은 만유인력 때문

2장의 주제는 만유인력상수universal gravitational constant입니다. 기호는 $G$로 표시하지요. 만유인력gravity, 그러니까 중력은 우리를 지배하고 있는 힘입니다. 우리는 태어나 세상에 '떨어지면' 누워서 몸을 제대로 가누지 못하는 상태로 일단 바닥에 놓입니다. 중력을 거스르며 혼자 힘으로 처음 일어서는 순간에는 가족들의 박수갈채와 칭찬이 쏟아집니다.

빗물은 중력에 이끌려 하늘에서 땅으로 쏟아져 내리고, 낮은 곳으로 흘러서 강이 되고, 산을 깎고 골짜기를 메웁니다. 이러한 작용으로 지구의 둥근 형태가 유지됩니다. 천체가 둥근 것도 중력 때문입니다. 중력은 생활과 자연환경을 지배할 뿐 아니라 우주의 구조까지도 결정합니다. 지구, 화성, 목성 등의 행성은 중력에 이끌려서 규칙적으로 태양 둘레를 돕니다. 시계처럼 정확한 천체들의 운행은 뉴턴이 발견한 만유인력 법칙을 따릅니다.

뉴턴의 시대부터 진보해 온 기술이 전파, 중성미자, 중력파 등을 관찰할 수 있는 새로운 관측 장치들을 만들어 내자, 인류가 알고 있던 우주의 모습이 달라졌습니다. 우주 곳곳에는 극히 강력한 중력을 가지는 블랙홀이라는 천체가 있는데, 블랙홀들은 물질을 삼키거나 자기들끼리 서로 충돌하기도 합니다. 까마득한 옛날에 대폭발big bang과 함께 탄생한 우주는 지금도 계속 팽창하고 있습니다.

만유인력상수 $G$는 중력의 세기를 나타내는 보편 상수입니다. 뉴턴의 만유인력 법칙으로 데뷔한 $G$는 아인슈타인의 상대론에서도 활약합니다. 우주의 탄생과 성장을 결정하고, 지금과 같은 구조를 만들고 있는 대단한 물리상수지요.

## '무게'와 '질량'은 다르다

중력은 질량과 질량 사이에 작용하는 인력gravitation, 즉 질량을 가진 물체끼리 서로 끌어당기는 힘입니다. 이 단계에서는 일단 이렇게 설명해 두겠습니다.

질량mass이라는 단어를 일상생활에서 종종 사용하는 사람은 별로 없겠지요? 1장에서부터 사용해 온 이 단어를 이제야 설명하자니 새삼스럽긴 하지만, 질량이란 물질의 양을 나타내는 기본적인 물리량입니다. 킬로그램(kg)이라는 단위로 나타내지요. 물 1L의 질량은 1kg이고, 성인의 질량은 보통 40~90kg 정도 됩니다.

킬로그램으로 표시한다면 '무게(중량)'와 같은 건가? 하고 생각할 수도 있겠습니다만, 물리학에서는 무게와 질량을 구별합니다.

물리학에서 물질의 양을 나타낼 때는 질량이라는 용어와 킬로그램이라는 단위를 사용합니다. 그러면 무게weight는 무엇일까요? 흔히 무게라고 부르는 양은 질량에 작용하는 중력을 뜻합니다. 달에 가면 중력이 6분의 1이 되어 몸무게도 6분의 1이 되지만, 질량은 변하지 않습니다. 그리고 무게는 킬로그램이 아닌 힘의 단위(N, 뉴턴)로 나타내는 것이 정확합니다. (단, 이렇게 따지고 들면 세상의 관습과 달라 오히려 혼란스러울 수 있으므로 이 책에서는 무게의 단위를 엄격하게 구분하지 않겠습니다.)

우리 앞에 놓인 병에 든 물도, 사람의 몸도, 지구도, 달도, 태양도 모두 각각 한 개의 질량입니다. 이 질량들 사이에는 중력이 작용합니다. 물병에 담긴 물과 사람의 몸은 서로 끌어당깁니다. 사람의 몸과 지구도 서로 끌어당기며, 태양과 지구도 서로 끌어당기고, 사람의 몸과 태양도 서로 끌어당깁니다. 세상

모든 것은 서로 끌어당기므로 그 조합을 모두 열거하기에는 이 책의 페이지도, (전자책으로 읽고 있다면) 전자책 디바이스의 메모리 용량도 모자랍니다. 이렇게 모든 것이 서로 끌어당기는 힘을 세상 '만물이 보유한 인력'이라는 뜻에서 '만유인력'이라고 부릅니다.

이 중에 우리가 체감할 수 있는 것은 지구가 끌어당기는 중력뿐일 겁니다. 우리가 아무리 힘껏 뛰어올라도 지구 중력이 우리 몸을 도로 끌어당기지요. 괜히 무리했다가 넘어지면 무릎만 까집니다. 그런데 1m 거리에 있는 1kg의 물이 사람의 몸을 끌어당기는 힘은 지구 중력의 30억분의 1 정도이므로, 인간은 물론이고 현재 개발된 가장 예민한 측정 장치도 감지해 내지 못합니다. 중력은 이렇게 약한 힘입니다.

1kg짜리 질량 두 개를 1m 떼어 놓았을 때, 이 둘 사이에 작용하는 중력은 $6.67430 \times 10^{-11}$N입니다. (참고로 이때의 1kg을 단위 질량, 1m를 단위 거리라고 합니다.) 여기 등장한 힘의 단위 뉴턴(N)은 역사상 최고의 과학자로도 불리는 아이작 뉴턴을 기리는 뜻에서 이런 이름이 붙었습니다. (뉴턴과 아인슈타인, 혹은 제3의 누군가를 포함해서 과연 누가 역사상 최고의 과학자인지를 따지는 격렬한 논쟁은 다음 기회에 합시다.) 1kg의 질량에 1N의 힘을 주면 $1m/s^2$의 가속도가 생기므로 1N은 $1kg \cdot m/s^2$으로도 나타낼 수 있습니다.

조금 전에 이야기한 1kg짜리 질량 두 개를 1m 떼어 놓았을 때, 둘 사이에 작용하는 중력이 $6.67430 \times 10^{-11}$N이라는 말을 다르게 표현하면

"만유인력상수 $G = 6.67430 \times 10^{-11}$N·m²/kg²"

이 됩니다. $G$는 (단위 질량 두 개가 단위 거리만큼 떨어져 있을 때 작용하는) 중력의 크기를 나타내는 보편 상수입니다.

## 중력처럼 약한 힘이 우주를 지배하는 이유

중력은 전자기력 등의 다른 힘들과 비교하면 아주아주 약한 힘입니다. 예컨대 원자를 구성하는 전자와 양성자는 전기력으로 서로를 끌어당기는데, 전자와 양성자 모두 질량을 가지므로 이 둘 사이에는 중력도 작용합니다. 이 경우의 중력과 전기력을 비교해 보면, 전자와 양성자 사이에 작용하는 중력은 전기력의 $3 \times 10^{-42}$배, 다시 말해 1조분의 1의 1조분의 1에서 다시 1조분의 1의 100만분의 3 정도입니다. 이 정도로 약한 힘을 형용할 단어를 찾기가 어려울 지경입니다. ('압도적'이라는 표현은 '강하다'나 '크다' 등을 수식하기에는 알맞지만, '압도적으로 약하다'는 말은 좀 어색하지요.)

2장. 만유인력상수 $G$로 이해하는

전기력은 중력을 압도하므로, 전기력으로 서로 끌어당기는 것들(예를 들면 전자와 양성자)끼리는 중력을 가볍게 뿌리치고 서로에게 착 달라붙으며, 전기력으로 서로 밀어내는 것들(예를 들면 전자와 전자)끼리는 중력을 본 척도 않고 헤어져서 사방팔방으로 흩어집니다. 그런데 양전기나 음전기를 띤 물체가 이렇게 전자 등의 입자를 주고받다가 전기적으로 중성 상태가 되면 전기력이 사라집니다. 이 말은 전자기력이 중력과 비교해 압도적으로 강한 탓에 오히려 중화되어 사라지는, 생각지 못한 사태가 발생한다는 얘기입니다. 우주에서는 이런 현상이 자주 목격됩니다.

이와 달리 중력은 중화할 수 없습니다. 중력을 무력화하는 반질량antimass이나 음의 질량negative mass 같은 것들은 발견되지 않았습니다. 질량은 언제나 양의 값이고, 아마도 중력을 무력화하는 물질은 없을 것으로 보입니다. 이렇게 중화 불가능한 만큼, 큰 질량들이 모이면 약하디약한 중력도 무시할 수 없는 세기가 됩니다. 그리하여 우주에서는 전기적으로 중성에 가까운 질량 덩어리들이 중력을 통해 영향을 주고받는 광경을 흔히 볼 수 있습니다. 그 예로 지구와 달, 태양과 행성, 무수한 항성을 거느리는 우리은하 등을 꼽을 수 있지요.

지구와 달 같은 암석 덩어리나 태양 같은 가스 덩어리, 우리은하 등이 우주가 시작되었을 때부터 그 자리에 있던 것은 아닙니다. 지구와 달과 태양은 약 46억 년 전에 우주를 떠돌던 희박한 가스와 먼지가 모여서 만들어졌고, 우리은하는 그보다 더 이전에 가스와 암흑 물질dark matter 등 정체를 정확히 알 수 없는 물질들이 모여서 만들어졌습니다. 그것들을 모아서 덩어리로 만든 것이 바로 중력입니다.

희박한 가스 속 수소와 암흑 물질 등의 사이에 어쩌다가 살짝 농도가 짙은 부분이 생기면, 그곳이 약하나마 중력의 중심이 되어 주변의 가스를 끌어당기기 시작합니다. 그러면 그 부분의 농도가 더욱 짙어지고, 따라서 중력도 점점 강해져서 서서히 거대한 가스 덩어리가 만들어지는 것이죠. 단순하게 설명하자면 이렇고, 실제 과정은 가스의 에너지와 회전운동량이 외부로 방출되는 좀 더 복잡한 과정으로 이루어집니다. 어쨌거나 요점은 기본적으로 천체를 만들어 낸 것이 중력이라는 얘기입니다.

지금과 같은 우주의 형태는 약하디약한 중력이 만들어 냈습니다. 그리고 이 중력을 정의하는 보편 상수가 바로 만유인력 상수 $G$입니다.

## 뉴턴, 인류에게 만유인력상수를 소개하다

1687년에 뉴턴은 《자연 철학의 수학적 원리Philosophiae Naturalis

*Principia Mathematica*》, 간단히 《프린키피아*Principia*》라고 불리는 책을 발표했습니다. 이것은 뉴턴의 운동 법칙과 만유인력 법칙을 기록한 세계 최초의 뉴턴역학 교과서였습니다.

뉴턴의 운동 법칙은 관성 법칙(제1법칙), 가속도 법칙(제2법칙), 작용 반작용 법칙(제3법칙)을 말합니다. 여기에 만유인력 법칙을 더하고 미적분이라는 수학과 곱하면 사과, 달, 행성, 대포알, 인공위성 같은 물체의 운동을 정확하게 계산할 수 있습니다. 에너지와 운동량 같은 물리량과 그 보존 법칙 등의 물리 법칙이 도출되지요.

뉴턴역학은 모든 물리학의 기초가 되는 매우 강력하고 아름다운 체계입니다. 그 내용을 처음으로 풀이한 《프린키피아》는 인류사에 남을 명저입니다. 이후의 모든 과학 기술은 이 책에서 시작되었다고 말할 수 있습니다. 세계의 앞날을 바꾼 책 중 한 권이라 할 수 있습니다.

다만 《프린키피아》는 독자가 이해하기 어렵게 쓰인 불친절한 교과서인데, 뉴턴이 의도적으로 난해하게 집필했다고 전해집니다. 알기 쉽게 쓰면 어중이떠중이 모두 논쟁에 참여할 것으로 생각해서 싫어했다고 하지요. 뉴턴 같은 천재에게만 허락되는 집필 태도가 아닐까 싶습니다. (부럽습니다.)

《프린키피아》가 출판된 지 300년이 넘은 지금은, 과학적 재능은 뉴턴만큼 못 되더라도 친절하게 설명하는 태도만큼은 훨씬 우수한 저자들이 쓴 수많은 교과서를 골라 볼 수 있습니다. 뉴턴역학을 배우기 위해서 《프린키피아》에만 의지할 필요 없이 독자마다 눈높이에 맞는 책을 고를 수 있으니 얼마나 다행인지요.

## 같은 세기로 서로 끌어당기는 지구와 당신

《프린키피아》의 마지막 부분에 실려 있는 만유인력 법칙은 이런 수식으로 정리됩니다.

$$F = G\frac{m_1 \times m_2}{r^2}$$

서둘러 말로 풀자면 다음과 같은 내용입니다.

"두 개의 질량 사이에는 중력이 작용한다. 그 세기($F$)는 두 질량($m_1$, $m_2$)의 곱에 비례하며, 두 질량 사이 거리($r$)의 제곱에 반비례한다."

중력이 거리의 제곱에 반비례한다는 말은 질량끼리 가까이 있을수록 서로 끌어당기는 중력이 세다는 뜻입니다. 반대로 거리가 멀어질수록 중력은 약해집니다. 하지만 약해지기는 해도 0이 되지는 않습니다. 두 개의 질량을 빛의 속도로도 몇 년이 걸릴 만큼 멀찍이 떼어 놓더라도, 이들은 중력으로 미약하나마 분명하게 서로를 끌어당깁니다.

또 중력은 질량의 곱에 비례하므로 질량이 커지면 중력은 세집니다. 이것은 직관적으로 이해가 될 겁니다. 한쪽 질량이 지구만큼 커지면 중력은 지금 우리가 느끼는 만큼 강해집니다.

그리고 중력은 양쪽 질량에 공평하게 작용합니다. 당신은 지금 당신을 끌어당기고 있는 지구의 중력과 정확하게 같은 세기의 힘으로 지구를 끌어당기고 있습니다. (이것은 뉴턴의 운동 제3법칙인 작용 반작용 법칙의 한 예이기도 합니다.) 이 몸이 지구에 이렇게 강한 중력을 미치고 있다니, 어쩐지 신기합니다.

중력이 질량의 곱에 비례하는 사실로부터 '낙하하는 물체는 질량의 크기와 관계없이 같은 가속도로 낙하한다'는 중력의 특수한 성질을 설명할 수 있습니다. 이 성질을 '낙하하는 물체의 운동 법칙'이라고 부릅니다. 이 법칙은 1장에서 랜턴으로 광속 측정 실험을 했던 갈릴레오 갈릴레이가 발견했습니다. 세간에는 갈릴레오가 이 법칙을 증명하느라 피사의 사탑에서 나무공과 쇠공을 떨어뜨리는 실험을 했더니 두 공이 동시에 떨어졌다는 이야기가 있지만, 이 이야기의 진위는 확실치 않습니다. 갈릴레오는 실제 실험이 아니라 사고 실험thought experiment으로 이 법칙을 증명했습니다. (실제로 질량이 다른 두 물체가 동시에 떨어지려면 공기 저항이 없어야 하므로, 진공 상태가 아닌 일반적인 공간에서 실험하기는 쉽지 않습니다.)

중력은 질량의 곱에 비례하므로 지구는 질량이 큰 물체를 그만큼 세게 끌어당깁니다. 그러나 질량이 큰 물체는 강한 힘으로 끌어당기거나 밀어도 쉽게 가속되지 않습니다. 가속도는 물체에 작용하는 힘에 비례하고 질량에 반비례하기 때문입니다. (이것은 뉴턴의 운동 제2법칙인 가속도 법칙입니다.) 즉, 질량이 10배로 큰 물체에 그만큼 센 중력이 작용하더라도 가속도는 질량에 반비례해서 10분의 1이 됩니다. 이렇듯 큰 질량에는 센 중력이 작용하지만 쉽게 가속되지 않으므로, 결국 그 가속도는 작은 질량의 가속도와 같아집니다. 따라서 큰 질량도 작은 질량도 동일한 가속도로 낙하한다는 법칙이 성립합니다.

중력에 이끌려 낙하하는 물체의 가속도를 중력가속도라고 합니다. 지구 표면의 중력가속도는 $9.8m/s^2$, 대략 $10m/s^2$입니다. (계산하기 쉽도록 딱 떨어지는 값에 가까운 중력가속도를 제공하는 지구는 얼마나 친절한지요!) 이 간단한 값을 기억하면 물체가 바닥에 떨어지는 찰나의 시간에 낙하 속도가 얼마나 되는지 쉽게 알아낼 수 있습니다. 가령 낙하 시작부터 착지까지 1초가 걸리면 낙하 속도는 $10m/s$, 10초가 걸리면 $100m/s$라는 계산을 뚝딱 해낼 수 있습니다.

그런데 뉴턴의 《프린키피아》에는 중력이 질량의 곱에 비례

2장. 만유인력상수 *G*로 이해하는

하고 거리의 제곱에 반비례한다는 내용은 적혀 있으나, 그 비례 상수(만유인력상수 $G$)가 얼마인지는 적혀 있지 않습니다. 뉴턴 시대의 기술로는 그것을 측정할 수 없었기 때문입니다. 중력은 극단적으로 약하기에 만유인력상수 $G$를 측정하려면 고도의 실험 기술이 필요합니다. (이 책에서 소개하는 보편 상수 $c$, $G$, $e$, $h$는 모두 측정하는 데 고도의 기술이 필요한 상수들입니다.)

뉴턴의 시대에서 100여 년이 흐른 1798년에 최초로 만유인력상수를 측정한 사람은 영국의 과학자 헨리 캐번디시Henry Cavendish(1731~1810)입니다. 캐번디시는 소설에 등장하는 전형적인 미치광이 과학자의 모습에 매우 가까운 인물이었습니다.

## 만유인력상수를 최초로 측정한 캐번디시의 실험

만유인력상수를 측정하는 원리는 간단합니다. 질량을 아는 두 개의 물체(예를 들면 0.73kg과 158kg의 쇠공)를 준비해서 이 둘이 서로를 끌어당기는 힘을 측정하면 됩니다. 그리고 둘 사이의 거리를 잰 다음, 거기에 곱셈과 나눗셈을 좀 해 주면 만유인력상수 $G$를 구할 수 있습니다.

그러나 무엇이든 말이 쉽지, 실행은 어려운 법입니다. 쇠공이 서로 끌어당기는 중력은 극히 미약하므로 여기서 만유인력상수를 측정해 내려면 상당히 우수한 실험 설계 능력과 실험

## [그림 2-1] 캐번디시의 실험 장치

작은 쇠공(0.73kg) 두 개가 큰 쇠공(158kg) 두 개 가까이에 걸려 있다. 작은 쇠공이 중력에 의해 큰 쇠공에 이끌리면 쇠공이 걸려 있는 천칭의 봉이 살짝 회전하고, 이에 따라서 쇠공을 걸어 늘어뜨리고 있는 줄이 비틀린다. 이때 비틀린 각도를 측정하면 중력의 크기를 알 수 있다.

출처: 헨리 캐번디시, 1798, '지구의 밀도를 측정하기 위한 실험Experiments to Determine the Density of the Earth', 《철학회보》(88), p469.

진행 솜씨를 갖추어야 합니다.

　[그림 2-1]은 캐번디시의 논문에 실린 실험 장치 그림입니다. (200년도 훌쩍 지난 그 옛날의 논문을 읽고 해당 실험의 방법을 검토할 수 있으니, 과학이라는 도구는 정말 대단합니다.) 미약한 중력을 검출하기 위해 고안된 민감한 실험 장치는 아주 약간의 바람, 진동, 온도 변화에도 예민하게 반응했기에, 사람이 근처를 지나

가기만 해도 줄이 흔들리거나 꼬여서 실험이 수포가 될 게 뻔했습니다. 캐번디시는 실험 장치를 저택의 방 하나에 설치해 두고, 자신은 옆방에서 장치를 조작해 가며 망원경으로 측정 눈금을 읽었습니다.

그런데 캐번디시는 만유인력상수보다는 지구의 밀도에 더 관심이 있었던 모양입니다. 실험 결과에 곱셈과 나눗셈만 가볍게 해 주었더라면…… 만유인력상수가 구해졌을 텐데, 캐번디시는 지구의 밀도를 구한 것으로 만족하고 말았습니다.

이 실험은 '캐번디시의 실험'으로 불립니다. 실험 결과를 사용해서 만유인력상수를 구하면 현재의 측정값보다 0.5%가량 큰 값이 나옵니다. 사상 최초의 측정으로 오차가 단 0.5%에 불과한 결과를 얻었다니, 정말 놀라운 정밀도입니다. 그런데 알고 보면 캐번디시는 이보다도 더 놀라운 실험을 수없이 하며 살았습니다.

### 고독한 천재 헨리 캐번디시

헨리 캐번디시는 1731년, 영국의 귀족 집안에서 태어났습니다. 막대한 재산을 상속받았으나 사치에는 관심이 없었는지 재산에 거의 손을 대지 않았습니다. 캐번디시가 관심을 가지고 생애를 바친 대상은 과학이었습니다.

캐번디시는 1772년에 전기력 측정 실험을 했는데, 이것은 중력 측정 실험만큼이나 중요한 연구였습니다. 그러나 남몰래 노트에만 기록하고 세상에 발표하지는 않았습니다. 한편, 1785년에 샤를 드 쿨롱Charles A. de Coulomb(1736~1806)이 독자적인 실험을 통해서 캐번디시와 똑같은 결과를 얻었습니다. 쿨롱은 캐번디시와 달리 자신의 연구 결과를 발표했고, 이에 따라 오늘날 전기력의 물리 법칙은 쿨롱 법칙Coulomb's law으로 불립니다.

이것 말고도 캐번디시는 우수한 과학 실험들을 수행했고, 수많은 발견을 했으며, 누구보다도 자연을 깊이 이해했지만, 그중 극히 일부만을 세상에 발표했습니다. 그가 세상을 떠나고 몇 년이 지난 후에야 캐번디시의 노트를 읽은 사람들은 시대를 앞서갔던 연구와 통찰에 놀라움을 금치 못했습니다.

캐번디시는 화학 실험에서도 탁월한 재능을 발휘했습니다. 1766년에 새로운 원소인 수소를 발견했고, 이어서 1785년에는 공기 중에 미량으로 함유된 수수께끼의 기체를 발견했습니다. 그로부터 약 100년이 지난 19세기 말, 이 수수께끼의 기체는 새로운 원소로 인정받으며 아르곤(원소기호 Ar)이라는 이름을 얻었습니다.[*]

---

[*] 단, 1894년 당시에는 영국의 화학자 레일리J. Rayleigh와 램지W. Ramsay가 아르곤을 발견한 것으로 인정되었고, 이는 지금까지도 그들의 대표적인 업적으로 알려져 있다.

아르곤은 좀처럼 다른 물질과 화학 반응을 일으키지 않는데, 이런 성질을 띤 기체 원소를 비활성 기체라고 부릅니다. 19세기에는 아르곤을 필두로 하는 비활성 기체들이 아직 세상에 알려지지 않았기에 당시 주기율표에는 이 원소들을 써넣을 빈칸이 없었습니다. 이에 화학자들은 고민을 거듭한 끝에 주기율표에 한 줄을 추가해 아르곤과 헬륨, 제논 등 비활성 기체 영역(18족)을 만들었습니다. 이렇게 해서 현대적인 주기율표의 형태가 갖추어졌습니다. 캐번디시의 발견들이 그 진가를 이해받는 데 100년의 세월과 화학의 진보가 필요했던 셈입니다.

캐번디시가 발표한 몇 안 되는 논문들은 영국 왕립학회가 발행하는 학술지 《철학회보_Philosophical Transactions_》에 게재되었습니다. 왕립학회는 영국에서 가장 오래된 과학자 단체인데, '영국'에서 '가장 오래된' 단체라고 하니 마치 전 세계에서 가장 유서 깊은 단체처럼 느껴지기도 합니다. 그런 곳에서 발행하는 학술지가 요즘 시대에도 여전히 발행되고, 전자 문서로도 읽을 수 있다는 점 역시 무척 경이롭지요. (그런데 '왕립Royal'이 붙었다고 해서 영국 왕실이 설립했다는 뜻은 아닙니다. 영국에서 이 단어는 민간 조직이나 단체가 사용해도 되는 단어로, 왕립학회 역시 민간단체입니다.)

캐번디시는 우수한 과학자로서 왕립학회 회원들의 존경을 받았지만, 친해지기 힘든 인물로도 유명했습니다. 쉽게 말해 괴짜였습니다. 그는 극단적으로 말이 없고 소심했으며, 유행에 뒤처진 옷을 걸치고 다녔고, 남들과의 교제를 최대한 피했습니다. 그렇다고 사회성이 아예 없던 것은 아니어서, 일주일에 한 번 열리는 학회 식사 모임에는 꼬박꼬박 참석했습니다. 그것이 거의 유일한 사교활동이었지요. 과학을 향한 열정이 없었더라면 사회와 털끝만큼도 엮이지 않으려 들었을지도 모르는 일입니다.

캐번디시는 대화 무리에는 끼지 않고 오직 일대일로만 이야기를 나누었습니다. 그것도 상대방이 아는 사람이면서 남성인 경우에만 가능했습니다. 캐번디시의 의견을 듣고 싶은 회원이 말을 걸었을 때, 질문 내용이 캐번디시가 관심을 가진 주제라면 우물우물 대답해 주었고, 그렇지 않으면 불편한 기색을 내비침과 동시에 날카롭게 소리를 지르며 남들이 다가오지 못하게 구석으로 달아나 버렸다고 합니다.

또 캐번디시는 여성을 극도로 두려워했습니다. 여성과는 말을 섞지 못해서 자기 저택에서 일하던 하녀와도 메모로 의사소통을 했습니다. 하녀와 마주치는 상황을 피하려고 저택에 별도의 계단(또 다른 문헌에 따르면 별도의 출입구)까지 설치했습니다. 불운하게도 저택 안에서 그와 우연히 마주친 하녀는 그 자리에서 해고당했다는 전설도 남아 있습니다.

과학만큼이나 고독을 사랑했던 캐번디시는 죽음도 홀로 맞이하기를 원했습니다. 죽음의 순간이 다가온 것을 알아차린 그는 (남성) 하인에게 잠시 방에서 나가 있으라고 명령했습니다. 명령을 따랐던 하인이 돌아왔을 때는 이미 숨을 거둔 상태였다고 전해집니다. 향년 78세, 1810년의 일이었습니다.

## 시계처럼 정확하게 움직이는 우주

뉴턴이 인류에게 소개한 만유인력상수는 이렇게 캐번디시 덕분에 측정되었습니다. 만유인력상수의 값을 알면 지구의 질량도 알게 되므로 캐번디시는 지구의 질량을 측정했다고도 말할 수 있습니다. 참고로 지구의 질량은 약 $6 \times 10^{24}$kg, 60만 t의 1경 배입니다.

이후로 지구뿐 아니라 태양, 목성, 토성 등 그 전까지 질량을 구할 수 있을 거라고는 생각지 못했던 천체들의 질량이 일사천리로 구해졌습니다. 캐번디시의 실험 덕분에 우주의 수수께끼들이 풀렸습니다. 비록 그것이 우주의 비밀 중 아주 작은 부분일지라도 최소한 더 많은 수수께끼를 풀 수 있는 길이 열린 것입니다.

오래전부터 사람들은 천체의 운동이 하늘의 특별한 법칙에 따라서 일어나는 신비로운 현상이라고 생각했습니다. 그랬던 천체가 이제 과학의 연구 대상이 되고, 질량까지도 정확하게 밝혀졌으니, 더는 신비로운 무언가가 아니게 되었죠.

게다가 이렇게 알아낸 사실들을 들여다보니 천체뿐 아니라 사과처럼 흔해 빠진 지상의 물체들도 하나같이 뉴턴역학을 따르고 있는 것이 아니겠습니까? 그리하여 당시 사람들은 우주가 마치 시계처럼 규칙적이고 질서 정연하게 운동하고 있다고 생각하게 되었습니다. 그런 우주의 움직임을 지배하고 계산까지 해내는 뉴턴역학의 위력은 실로 어마어마했지요. 이제 과학의 힘으로 풀 수 없는 수수께끼는 아무것도 없을 것만 같았습니다.

### 라플라스의 악마

뉴턴역학이 너무나도 강력하고 충격적이었던 까닭에 18~19세기에는 뉴턴역학 하나만 있으면 무엇이든지 계산해 낼 수 있다는 낙관적인 분위기가 생겨났습니다. 신비롭던 천체가 더는 신비롭지 않게 되었으니, 이 세계를 설명하느라 신을 들먹일 필요도 없게 되었습니다. 세상을 설명하는 데는 한 줌의 물리 법칙만 있으면 충분했죠. 전자기 등 아직 밝혀지지 않은 법칙들이 남아 있었지만, 그저 시간문제로 여겼습니다. 사람들은 머지않아 모든 물리 법칙이 밝혀지고, 인간이 우주를 전부 이해하는 날이 올 거라 기대했습니다.

이렇게 '우주는 기계처럼 움직이며, 실존하지 않는 신이나 영혼 따위가 아닌 몇 가지 물리 법칙에 따라서 이해하고 계산할 수 있는 대상'이라고 보는 관점을 '기계론적 세계관' 또는 짧게 '기계론'이라고 합니다.

과학을 향한 신뢰로 가득 찬 이 낙관적인 사상에 대하여, 캐번디시와 같은 시기에 활약했던 프랑스의 수학자 피에르-시몽 라플라스Pierre-Simon marquis de Laplace(1749~1827)가 멋진 말을 남겼습니다.

"주어진 시점에서, 자연을 움직이는 모든 힘과 자연을 구성하는 모든 것의 상황을 꿰뚫고 있는 어떤 지성intellect이 있다고 가정하자. 아울러 그 지성은 이 모든 정보를 충분히 분석할 능력이 있다고 간주하자. 그렇다면 그는 우주에서 가장 큰 것의 운동과 가장 가벼운 원자의 운동을 하나의 방정식으로 감쪽같이 아우를 것이다. 그에게 불확실한 사실은 아무것도 없을 것이며, 그의 눈에는 과거와 미래가 현존할 것이다."

— 피에르-시몽 라플라스, 1814,《확률에 대한 철학적 시론》

음…… 아주 멋집니다. 이 말은 우주 공간의 어떤 물체라도 현재 위치와 속도를 알면 뉴턴역학을 통해 그 궤도를 계산할 수 있다는 뜻입니다. 우주에는 신이 기적의 힘으로 물체를 손쉽게 움직이는 일도 없으며, 물리학 방정식으로 나타낼 수 없는 현상도 없다는 얘기지요. 미래의 사건은 온전히 현재 상황에 따라 결정되므로 원리에 따라 계산해 낼 수 있다는 말입니다. 물리학, 특히 뉴턴역학에 대한 깊은 신뢰를 담은 선언입니다. 뉴턴의 신봉자이자 뉴턴역학에 크게 공헌한 라플라스만이 할 수 있는 발언입니다.

그의 말에 등장하는 '우주 모든 물체의 궤도를 계산해 내는 지성'은 라플라스의 악마Lapalace's demon라는 세련된 이름을 얻으면서 유명해졌습니다. (우주에는 신도 악령도 존재하지 않는다는 그의 주장이 오히려 새로운 악마를 창조해 내다니 참 아이러니한 일입니다.) 참고로 라플라스의 악마를 탄생시킨 이 문장은 라플라스의 저서 《확률에 대한 철학적 시론Essai Philosophique sur les Probabilités》의 서문 중 한 부분입니다. 라플라스의 악마를 인용하는 사람 중 과연 몇이나 이 책을 끝까지 읽었을지 조금 궁금해지는군요.

## 은하의 질량을 구하던 천문학자의 당혹감

앞에서 만유인력상수를 측정하면 지구와 태양과 목성, 토성 등의 질량을 알 수 있다고 설명했는데, 어떤 원리일까요?

지구의 중력은 우리를 포함해 지상의 모든 물체를 항상 끌어당기고 있으므로, 중력을 측정해서 만유인력상수와 조합하여 살짝만 계산해 주면 지구의 질량을 알 수 있습니다. 태양은 수성, 금성, 화성 등 다른 행성들과 소천체까지도 끌어당기고 있으므로, 이 중력을 측정하면 마찬가지로 태양의 질량을 알 수 있지요. 그리고 이 천체들은 태양 중력에 이끌려 공전하고 있으므로, 그 공전 운동에서 태양의 중력을 측정할 수 있습니다. 이렇게 구한 태양의 질량은 약 $2 \times 10^{30}$ kg, 지구의 약 30만 배입니다.

목성이나 토성은 저마다 그들의 주변을 도는 위성을 거느리고 있으므로, 마찬가지로 거기서 질량을 구할 수 있습니다. 이 방법은 천문학에서 널리 응용되고 있습니다. 요컨대 어떤 물체의 질량을 측정하고 싶으면 그 물체가 미치는 중력을 측정한 다음, 만유인력상수와 조합해서 계산하면 됩니다.

이 방법으로 우리은하의 질량도 측정할 수 있습니다. 태양은 우리은하의 중력에 이끌려 약 2억 년 주기로 공전하고 있습니다. 우리은하를 구성하는 약 1000억 개의 항성들도 태양과 마찬가지로 우리은하 주변을 빙빙 돌고 있습니다. 이 모습을 '위'에서 내려다보면 마치 커피에 올려진 크림 같은 모습일 겁니다. 물론 우리은하 안에는 이 모습을 '위'에서 내려다본 사람이 단 한 명도 없으므로 상상에 지나지 않지만요.

어쨌든 약 1000억 개 항성의 공전을 통해서 우리은하의 질량을 계산할 수 있습니다. 우리은하는 지구나 태양 같은 구체가 아니라 1000억 개의 항성들이 얼기설기 모여 있는 집합체이므로 계산 방법은 좀 다르지만, 아무튼 계산해 보면 우리 태양을 1조 개쯤 모아 놓은 질량과 비슷한 값이 나옵니다.

그런데 1조 개는 좀 심한 거 아닌가요? 항성 1000억 개가 모인 질량이니 당연히 크겠지만, 아무리 그래도 너무 큰 거 아닙니까? 하지만 중력을 이용해서 우리은하의 질량을 계산하면 정말로 이렇게 우리은하를 이루는 항성과 가스 전부를 합친 질량보다도 몇 배는 더 큰 값이 나옵니다. 이 같은 결과에 천문학자들은 어찌할 바를 몰랐지요.

## 우주의 주요 성분은 암흑 물질이었다

우리은하뿐 아니라 우주에 흩어져 있는 어느 은하에서나 (질량 측정이 잘되는 곳에서는) 이러한 경향을 볼 수 있습니다. 아무래도 은하는 항성과 가스에 더해 그것들보다 더 많은 정체불명의 질량으로 이루어져 있는 것 같습니다. 이 수수께끼의 질량을 볼 수 있는 관측 방법은 아직 없습니다. 그래서 이것을 암흑 물질이라고 부르고 있습니다.

은하는 항성들의 집합이라기보다는 암흑 물질 뭉치라고 표현하는 편이 정확합니다. 그러니까 우리가 관측을 통해 볼 수 있는 항성과 가스 등은 이 수수께끼의 질량 뭉치에 보너스처럼 더해진 물질들인 셈입니다. 우주의 진짜 모습은 우리가 본 것만이 다가 아니었습니다. 실제 우주에는 보이지도 않고 정체도 알 수 없는 물질이 더 많으니까요.

암흑 물질의 정체는 무엇일까요? 암흑 물질의 존재가 알려진 지 100년 가까운 세월이 흘렀는데도 여전히 수수께끼입니다. 현재 가장 유력한 가설은 암흑 물질이 미지의 입자라는 것입니다. 인류가 입자 가속기로 확인하는 데 아직 성공하지 못한 어떤 입자가 우주 공간에 대량으로 존재한다는 이야기죠. 이것은 '우리가 현재 알고 있는 물체는 하나도 해당 사항이 없으니, 그렇다면 아마도 모르는 물질일 것이다'라는 소거법에 가까운 가설입니다.

암흑 물질의 정체는 현재 물리학의 중요한 미해결 문제입니다. 이를 밝혀내기 위한 연구들이 이론과 실험 양방향으로 활발히 진행되고 있습니다. 우주 공간이나 지하에 입자 검출기를 설치해서 미지의 입자가 나타날 기미가 보이는지, 이 순간에도 주시하고 있습니다. 어쩌면 내일 당장이라도 드디어 암흑 물질의 정체가 밝혀졌다는 뉴스가 날아들지도 모를 일입니다.

어쨌거나 뉴턴역학이 막 태동하던 시기에 인류가 지레짐작했던 '시계처럼 규칙적으로 운동하는 질서 정연한 우주'의 모습은 이제 완벽하게 바뀌어 버렸습니다.

## 일반 상대성 이론을 알기 쉽게 설명해 보겠습니다

뉴턴이 발견한 만유인력 법칙은 아인슈타인의 일반 상대성 이론을 통해서 더욱 발전합니다. 뉴턴역학으로 그려졌던 우주의 이미지는 아인슈타인의 이론에 따라 시간과 공간이 흐물흐물 늘어나고 줄어드는, 기존의 상식으로는 이해할 수 없고 으스스한 우주상으로 새롭게 그려졌습니다. 시계처럼 규칙적으로 움직이는 뉴턴의 우주상에 애착을 가졌던 사람들은 완전히 뒤바뀌어 버린 새로운 분위기의 우주를 바라보며 한탄했습니다. (단, 앞서 언급했던 기계론적 세계관은 상대성 이론이 등장하기 훨씬 이전에 유행이 사그라들었습니다. 그러므로 기계론적 세계관의 인기가 떨어진 것이 상대성 이론 탓은 아닙니다.)

일반 상대성 이론은 어떤 이론일까요? 간단히 설명할 수 없는 이론이지만, 그래도 간단히 한번 설명해 보겠습니다.

일반 상대성 이론에 따르면 시간과 공간(합쳐서 '시공' 또는 '시공간')은 늘어나기도, 줄어들기도, 구불구불 주름 잡히기도 한다고 합니다. 특히 질량 가까이에서 이러한 수축과 팽창이 발생합니다. 그렇게 늘어나거나 줄어들거나 주름 잡힌 시공간을 다른 물체가 통과할 때, 물체는 똑바로 나아가지 못하고 휘어진 궤도를 그립니다. 일반 상대성 이론은 이것이 바로 중력의 효과라고 주장합니다. 공을 던지면 공이 포물선을 그리는 이

유나 태양 주변을 도는 행성이 타원 궤도를 그리는 이유 모두 그곳의 시공간이 휘어져 있기 때문이란 겁니다.

## 일반 상대성 이론이 어렵다는 말을 듣는 두 가지 이유

일반 상대성 이론이 어려운 까닭은 두 가지로 요약할 수 있습니다. 하나는 일반 상대성 이론에 사용되는 수학이 어렵기 때문입니다. 1장에서 소개했던 특수 상대성 이론만 해도 고등학교 수준의 수학을 아는 사람은 이론의 기본을 어느 정도 이해할 수 있습니다. 하지만 일반 상대성 이론을 배우는 학생들은 리만 기하학Riemannian geometry이라느니 텐서 해석tensor analysis이라느니 하는 것들을 만나서 온갖 고생을 해 가며 이 개념을 소화해야만 합니다. 나아가 운이 나쁘게도(어쩌면 운이 좋게도) 수학을 좋아하는 선생님에게 걸리면 다양체manifold니 미분 형식differential form이니 하는 것들까지 전투에 참전하기 때문에 일반 상대성 이론을 배우는 교실은 학생들의 신음과 원망의 목소리로 가득 차게 됩니다.

미국의 작가 알프레드 베스터Alfred Bester(1913~1987)가 1952년에 발표한 SF 소설 《파괴된 사나이The Demolished Man》에는 다음과 같은 노래가 나옵니다.

"8입니다, 써sir. 7입니다, 써.

6입니다, 써. 5입니다, 써.

4입니다, 써. 3입니다, 써.

2입니다, 써. 하나!

텐서the Tensor 이르길, "텐서Tenser(더 긴장해)!"

텐서 이르길, "텐서!"

긴장과 불안과 불화가 시작되었다네."*

어쩌면 이 노래가 그러한 교실의 정경을 읊은 것인지도 모르겠습니다. 리만 어쩌고 텐서 저쩌고 하는 이런 마법의 주문 같은 말들은 늘어나거나 줄어들거나 주름 잡히는 삼차원 공간과 사차원 세계(시공간)를 다루기 위한 수학입니다. 종이접기나 점토 공예 등으로 입체를 만들어 내는 일은 어린아이들도 즐겁게 하는 놀이지만, 이러한 놀이를 수학적으로 기술하려면 고도의 수학 개념이 필요해지는 것이지요.

---

\* "Eight, sir; seven, sir;
Six, sir; five, sir;
Four, sir; three, sir;
Two, sir; one!
Tenser, said the Tensor.
Tenser, said the Tensor.
Tension, apprehension,
And dissension have begun."

아인슈타인도 일반 상대성 이론을 처음 떠올렸을 때, 그것을 수학으로 나타내는 데 어려움을 겪어서 친구인 수학자 마르셀 그로스만Marcel Grossmann(1878~1936)에게서 리만 기하학을 배웠습니다. 그런 경위로 일반 상대성 이론의 초기 논문은 그로스만과의 공저로 쓰였습니다.

일반 상대성 이론이 어려운 두 번째 이유는 시공간의 왜곡을 머릿속에 그려야 하기 때문입니다. 이 이론이 다루는 '늘어나거나 줄어들거나 물결처럼 주름 잡히는 등의 삼차원 공간과 사차원 세계'를 상상해 내지 못하면 아인슈타인이 말하는 바를 이해할 수가 없습니다. 평소에 우리는 왜곡된 시간과 공간을 상상할 필요가 없는 인생을 살고 있으므로, 처음 이 이야기를 접하면 몹시 당황해서 동공 지진을 일으키게 됩니다.

그나마 상상의 어려움은 복잡한 수식을 마주해야 하는 어려움과는 성질이 좀 다르긴 합니다. 시공간의 왜곡이란 것이 그야말로 매우 갑자기 툭 튀어나온 개념이기는 해도, 적어도 이것을 상상하는 데 수식은 필요하지 않으니까요. 리만 기하학을 몰라도 종이접기나 점토 공예를 하며 놀 수 있습니다. 또 뉴턴역학을 몰라도 캐치볼이나 자전거 타기를 충분히 즐길 수 있지요. 마찬가지로 텐서 해석에 통달하지 않아도 조금만 연습하면 늘어나거나 줄어드는 시공간의 이미지를 머릿속에 떠올릴 수 있게 됩니다. 그러니 일반 상대성 이론의 두 번째 벽은 첫 번째 벽만 잘 돌아서 피해 가면 제법 도전해 볼 만합니다.

## 느려지는 시간과 늘어나는 공간

질량 근처에서는 시간이 느리게 흐릅니다. 이 때문에 질량을 가진 물체에 시계를 가까이 가져가면 시계의 속도가 느려집니다. 그런데 이 효과는 극히 작습니다. 특수든 일반이든 상대성 이론의 효과는 대체로 그렇습니다. 지구처럼 거대한 질량의 표면에 놓인 시계와 지구에서 저 멀리 떨어진 시계의 속도 차이는 10억분의 1보다도 작습니다.

하지만 최신 시계 기술은 정밀도가 아주 높아서 이 정도로 작은 차이도 검출할 수 있습니다. 2020년, 일본에서는 광학 격자 시계optical lattice clock(5장에서 설명하겠습니다)를 사용한 실험이 진행되었습니다. 도쿄의 랜드마크이자 전파 송신 등을 위해 지어진 스카이트리에는 전망대가 있는데, 이 건축물의 전망대와 지상층에 각각 광학 격자 시계를 두고 시간의 흐름을 측정하는 실험이었습니다.

실험 결과, 두 높이 간의 시간차가 검출되었습니다. 지상에서 450m 떨어진 전망대와 비교했을 때, 지상층에서는 시계가 약 $5 \times 10^{-14}$배, 즉 0.000000000005% 느리게 움직였습니다. 평소에 느끼지 못하더라도, 지표면(스카이트리의 지상층과 비슷한 고

**[그림 2-2] 시간은 느려지고 공간은 늘어난다**

지구처럼 거대한 질량 가까이에서는 공간이 길게 늘어나고 시간의 흐름이 느려진다.

도)에서 생활하는 우리의 시간은 스카이트리 전망대에서보다 느리게 흐르고 있습니다.

또 질량은 주위의 공간을 길게 늘입니다. 이게 무슨 얘기냐, 예를 들어 팔을 뻗어서 1m 앞에 놓인 페트병을 만지는 상황을 생각해 봅시다. 이때 병이 비어 있다면 질량이 작으므로 1m 만 팔을 뻗으면 만질 수 있습니다. 그러나 병에 물이 채워져 있어서 질량이 큰 경우라면 1m보다 아주 조금 더 팔을 뻗어야만 병을 만질 수 있습니다. 정확히 얼마나 더 뻗어야 할까요? 물을 포함한 병의 무게가 1kg이라면 약 $10^{-27}$m 더 뻗으면 됩니다. 이것은 손을 구성하는 원자 속의 원자핵보다도 짧은 길이입니다. 터무니없을 정도로 아주아주 조금만 더 뻗으면 되는 셈입니다. 페트병의 중력은 현재 기술로는 검출해 낼 수 없을 만큼 작아서 상대성 이론 효과가 더욱 작아집니다. 그러니 검출하기는 더더욱 어렵지요.

그렇다면 지구 정도의 질량은 공간을 얼마나 늘일까요? 앞선 실험의 예를 따라서 설명해 보겠습니다. 지상에서 450m 떨어진 전망대에서 지상층으로 450m 길이의 줄을 늘어뜨렸을 때, 지구의 질량이 없다면 이 줄은 지상층에 닿을 겁니다. 그러나 지구의 질량으로 공간이 길게 늘어나기 때문에 줄은 450m하고도 $3 \times 10^{-7}$m, 즉 1만분의 3mm 정도 더 필요합니다. (이 길이는 현재의 측정 기술로도 검출할 수 있을 것 같은 느낌이 드는군요.)

## 던져진 공은 시간 흐름의 차이를 안다

질량이 시간과 공간 등에 미치는 영향은 최신 측정 기술로도 검출할 수 있을까 말까 할 정도로 미약합니다. 그런데 좀 이상하지요. 아인슈타인의 말에 따르면 중력의 정체는 시공간을 왜곡하는 힘이지 않습니까? 질량의 영향력이 이처럼 미약한

데, 어떻게 우리를 땅에 붙어 있게 하고, 거역하면 바닥에 고꾸라져서 무릎이 깨지게 만드는 강한 중력을 만들어 내는 걸까요? 나무에서 떨어지는 사과나 냅다 던져진 공 등은 중력을 따르며 운동하는데, 시공간의 왜곡이 이 정도로 작다면 중력을 잘못 따라서 엉뚱한 방향으로 떨어지는 일은 없을까요?

시공간의 왜곡은 공의 운동에 어떻게 작용하는 걸까요? 사실 공은 시간 흐름의 차이를 민감하게 분간해서, 그에 따라 궤도를 결정합니다. (공이 빛보다 느리다면 공간의 휘어짐은 공의 운동에 거의 영향을 주지 않습니다.)

캐치볼을 할 때, 공은 던지는 사람에게서 받는 사람에게로 궤도를 그리며 이동합니다. 이때 던지는 사람에게서 출발해 받는 사람에게 다다르는 다양한 궤도를 상상해 보세요. 상상으로는 물리적으로 불가능한 궤도까지 포함해서 얼마든지 많은 궤도를 그려 볼 수 있지요.

공이 한 궤도를 따라 나아갈 때, 공은 출발해서 도착하는 몇 초의 시간만큼 나이를 먹습니다. 그리고 상대성 이론의 가르침에 따르면 이때 나이를 얼마나 먹는지가 궤도에 따라서 달라집니다.

날아가는 동안에 공에게 흐르는 시간은 공을 던지는 사람과 받는 사람에게 흐르는 시간과 같지 않습니다. 그러므로 공이 가장 나이를 많이 먹는 궤도는 던지는 사람과 받는 사람이 보기에 가장 오랜 시간이 걸리는 궤도가 아닐 수도 있습니다. 공과 같은 궤도를 따라서 시계를 운동시켰을 때, 이동 중 시계의 침이 가장 많이 나아간 궤도가 공이 나이를 가장 많이 먹는 궤도입니다.

공이 땅바닥에 가까운 궤도로 운동할 때는 (커다란 질량이 가까이 있으므로) 시간이 느리게 흘러서 비교적 나이를 먹지 않습니다. 반대로 고공을 나는 궤도로 운동하려면 빠르게 움직여야 하므로 시간 지연 현상이 일어나서 그리 나이를 먹지 않습니다. 결론적으로, 조금 위로 포물선을 그리는 궤도를 따라 운동할 때 나이를 가장 많이 먹습니다. 그리고 공은 나이를 가장 많이 먹는 궤도를 골라 운동합니다.

공, 사과, 달 등이 중력에 이끌려 운동한다는 말은 공, 사과, 달 등이 중력의 영향 아래 하나의 궤도를 선택해서 통과한다는 뜻입니다. 그러므로 물리학 이론을 바탕으로 이들이 어떠한 궤도를 선택하는지 설명할 수 있다면, 그 이론으로 중력의 효과를 설명할 수 있는 셈입니다. 운동하는 물체가 어떤 궤도를 선택하는지를 결정하는 규칙이 바로 중력의 법칙입니다.

일반 상대성 이론에 따르면 공, 사과, 달 등이 선택하는 궤도는 나이를 가장 많이 먹는 궤도입니다. 늘어나고 줄어들고 주름 잡힌 시공간에서 물체가 나이를 가장 많이 먹을 법한 궤도를 그려 보면, 중력의 영향을 받는 물체의 궤도가 나옵니다. 그

**[그림 2-3] 공은 나이를 가장 많이 먹는 궤도를 지난다**

궤도는 태양 주변의 우주 공간에서는 타원을 그리고, 지구 표면에서는 포물선을 그립니다.

이것이 일반 상대성 이론이 물체의 운동을 결정하는 원리입니다. 수식을 하나도 안 쓰고 일반 상대성 이론의 논리를 설명하면 이같이 표현할 수 있습니다.

지표면에서의 공의 운동이라면 일반 상대성 이론으로 예상하든 뉴턴의 만유인력 법칙으로 예상하든 같은 궤도를 얻을 수 있습니다. 일반 상대성 이론과 뉴턴의 만유인력 법칙의 차이가 뚜렷이 드러나는 경우는 광속에 가깝게 운동하는 물체나 빛의 궤도, 혹은 극도로 강한 중력이 관여할 때입니다. 예컨대 빛조차도 탈출할 수 없는 강력하고 거대한 중력을 가지는 천체, 블랙홀 말입니다.

## 빛조차 탈출할 수 없는 블랙홀

블랙홀에서는 빛조차 탈출할 수 없다는 이야기가 무슨 말일까요?

지표면에서 하늘을 향해 공을 던지는 경우를 떠올려 봅시다. 위로 던져진 공의 상승 속도는 금세 느려져, 이내 정점을 찍고 아래로 떨어지기 시작합니다. 그리고 몇 초 뒤면 지표면으로 돌아오지요. 이것이 여러분도 잘 아는 중력의 효과입니다.

공의 상승 속도는 1초에 약 10m/s씩 감소합니다. 빠른 속도로 던질수록 정점이 높아지고, 지표면으로 돌아오는 데 시간이 오래 걸립니다. 실력 좋은 투수는 약 40m/s, 시속으로 나타내면 144km/h 정도의 속도로 공을 던질 수 있습니다. 이 속도로 위를 향해 공을 던지면 공은 4초 동안 상승해서 80m 정도의 높이에 도달했다가 다시 4초 동안 하강해서 원위치로 돌아옵니다.

공을 더욱 빠르게 던져 볼까요? 그러면 상태가 조금 변하기

2장. 만유인력상수 *G*로 이해하는

시작합니다. 지표면에서 멀어질수록 중력이 약해지므로 속도가 그리 빠르게 줄지 않습니다. 예를 들어서 고도 2,600km까지 올라가면 중력가속도가 지표면에서의 반이 됩니다. 여기까지 도달한 공의 상승 속도는 1초에 5m/s밖에 줄지 않습니다. 이 높이까지 도달하려면 6km/s의 속도가 필요한데, 인간의 팔 힘으로는 이렇게까지 던질 수 없으므로 총과 같은 도구를 사용해 쏘아 올렸다고 생각합시다.

공을 더욱더 빠르게 던지면 지표면에서 더욱더 멀어질 수 있으므로 중력은 더욱더 약해지고, 감속도 더욱 느려집니다. 공을 던질 때의 속도가 약 11km/s를 넘으면 공은 지구의 중력을 뿌리치고 운동합니다. 상승 속도가 느려지긴 해도 0이 되는 일은 없이 영원히 상승합니다. 두 번 다시 지표면으로 돌아오지 않게 되죠. 이처럼 물체가 천체의 중력을 벗어나는 최소 속도를 탈출 속도escape velocity(이탈 속도)라고 합니다.

## 떨어지는 시간마저도 무한

탈출 속도는 천체에 따라서 다릅니다. 천체의 질량이 클수록, 또 반지름이 작을수록 탈출하려면 더욱 빠른 속도가 필요합니다.

태양 표면에서의 탈출 속도는 약 600km/s입니다. 현재까지 인류가 개발해 온 그 어떤 탈것도, 로켓은 물론 탄환까지도 태양 표면에서 탈출할 수 없습니다. 일본의 소행성 탐사기 '하야부사 2호'가 탐사하고 온 소행성 류구162173 Ryugu는 직경 900m 가량의 바윗덩어리입니다. 탈출 속도는 약 37cm/s로, 보통 사람이 걷는 속도보다도 느립니다. 만약 생텍쥐페리의 어린 왕자가 류구에 내렸다면 가벼운 도약만으로도 소행성에서 탈출할 수 있었을 겁니다.

블랙홀은 탈출 속도가 광속을 뛰어넘는 천체입니다. 질량이 있는 물체를 광속보다 빠르게 가속하기는 불가능합니다. 그러므로 블랙홀에서는 물체가 탈출할 수 없습니다. 블랙홀 가까이에서는 공을 아무리 빠른 속도로 던진들, 어떤 빛을 방출한들, 블랙홀의 중력을 벗어날 수 없습니다. 공도 광선도 곡선을 그리며 블랙홀로 되돌아갑니다. 그 실험을 하는 사람 역시 지구로 돌아와서 보고하기는커녕, 통신으로 내용을 전달할 수조차 없습니다.

이토록 강한 중력은 뉴턴의 만유인력 법칙으로는 감당할 수 없습니다. 하지만 아인슈타인의 일반 상대성 이론으로는 블랙홀의 성질을 설명할 수 있습니다.

블랙홀 근처에서는 공간이 길게 휘고 시간이 느려지는 일반 상대성 이론의 효과가 극도로 강해집니다. 그래서 블랙홀로 떨어지는 물체를 관찰하면, 떨어지는 데 무한한 시간이 걸립니다. 낙하 속도는 서서히 느려지다가 블랙홀의 중심에서 어느 정도 거리만큼 떨어진 곳에서 정지합니다.

도대체 뭐가 어떻게 돌아가는 건지 상상조차 어려운 상황입니다. 별생각 없이 공을 던졌을 뿐인데 어느새 시간이 느려지고, 낙하는 정지하고, 도무지 어떻게 돌아가는 건지 알 수 없는 일이 벌어지고……. 블랙홀과 관련된 주제는 도저히 방심할 수가 없습니다.

### 다시는 되돌아갈 수 없는 경계 '슈바르츠실트 반지름'

낙하 물체가 정지하는 곳은 블랙홀의 슈바르츠실트 반지름 Schwarzschild radius 또는 사건의 지평선event horizon이라고 불립니다. (회전하는 블랙홀에서는 이 둘이 일치하지 않지만, 여기서는 그 차이를 신경 쓰지 말기로 합시다.)

슈바르츠실트 반지름은 탈출 속도가 광속과 같아지는 경계이기도 합니다. 이 반지름에서 더 안쪽으로 (무한의 시간을 들여서) 들어가면 두 번 다시는 바깥으로 돌아 나올 수 없고, 통신도 불가능해집니다. 내부에서 일어나는 사건을 외부에서는 전혀 알 수 없게 되는 경계선이라 할 수 있지요. 사건의 지평선이라는 시적인 이름은 여기서 유래했습니다.

슈바르츠실트 반지름($r$)은 천체 질량($m$)의 2배에 만유인력상수 $G$를 곱한 것을 광속 $c$의 제곱으로 나눈 값입니다. 지금까지 소개한 두 개의 보편 상수 $c$와 $G$를 써서 나타낼 수 있으니 여기서 소개하기에 딱 적절해 보이는군요.

$$r = \frac{2Gm}{c^2}$$

천체의 질량에 미미하기 짝이 없는 만유인력상수 $G$를 곱한 수를 광속 $c$의 제곱이라는 터무니없이 큰 수로 나누기 때문에 슈바르츠실트 반지름은 몹시도 작은 값이 됩니다.

### 블랙홀 만드는 법

이론상으로는 블랙홀을 만들려면 지구든 태양이든, 그냥 여러분 곁에 있는 물체든 상관없이 꾹꾹 압축해서 각 물체의 슈바르츠실트 반지름보다 작게 만들어 주면 됩니다. 가령 태양의 슈바르츠실트 반지름은 약 3km로, 현재 태양 크기의 20만 분의 1보다도 작습니다. 태양을 지금 크기의 20만분의 1보다 작게 압축해 주면 블랙홀이 완성됩니다. 또 다른 예로 지구의 슈바르츠실트 반지름은 고작 약 9mm입니다. 지구를 꾹꾹 압축해서 유리알만큼 작게 만들면 힘껏 던진 공을 탈출시키는 데 광속보다 빠른 속도가 필요하고, 낙하가 멈추는 등의 기묘한 현상들이 나타납니다.

하지만 지구나 태양, 혹은 우리 주변에 있는 물체를 그만큼 작게 압축하는 일은 현재 인류의 기술로는 불가능하며, 자연 현상에서도 그런 일은 여간해서는 일어나지 않습니다. '여간 해서는 일어나지 않는' 그 기간은 대략 어느 정도일까요? 학자들은 우리은하 안에서 100년에 한 번꼴보다 더 적게 일어난다고 추측합니다. 그 정도로 아주 드물게 항성이 압축되어 블랙홀로 변하는 일이 생깁니다.

항성과 같이 어지간해서는 짜부라지지 않을 것 같은 물체를 20만분의 1 이하로 작게 압축하는 힘은 미약하나 우직한 중력입니다. 애초에 항성은 우주의 희박한 가스들이 중력에 의해 모여서 만들어진 진한 가스 덩어리입니다. 항성은 가스의 압력으로 중력에 대항하면서 더는 찌그러지지 않도록 힘껏 버티고 있지요.

가스, 즉 기체는 온도가 높으면 압력도 올라가고, 온도가 내려가면 압력도 떨어집니다. 항성을 구성하는 가스는 항성 내부에서 원자핵이 융합할 때 발생하는 열을 통해서 고온을 유지합니다. 원자핵의 융합 반응이 멈추면 열원이 사라지므로 항성은 사그라지고 맙니다.

열원을 잃은 항성의 운명은 세 가지로 갈립니다. 비교적 가벼운 항성은 사그라진 끝에 백색 왜성white dwarf이라는 작고 어두운 별로 변신합니다. 그보다 무거운 별은 폭발적으로 수축해서 중성자별neutron star이라는 더욱 작고 훨씬 어두운 별이 됩니다. '폭발적으로 수축한다'는 표현이 기묘하지요? 이는 무거운 항성의 마지막 단계에서 내부 원자핵 반응이 급격하게 종료되면서 갑작스레 수축이 일어나는 것을 말합니다. 이 현상을 중력 붕괴gravitational collapse라고도 부릅니다.

더욱더 무거운 별은 중력 붕괴를 거쳐서 블랙홀이 됩니다. 이보다 어두운 것을 찾을 수 없을 만큼 어두운 별이죠. 중력 붕괴가 일어날 때는 항성의 몸에서 블랙홀(이나 중성자별)의 재료로 쓰이지 않은 부분이 우주 공간으로 튀어 날아가서 초신성 폭발supernova을 일으킵니다. 초신성은 우주 최대의 폭발이라고도 일컫는데, 은하 전체에 대적할 정도로 밝게 빛납니다. 인류는 이것을 보고 그 은하에서 블랙홀(이나 중성자별)이 탄생한 사실을 알게 되지요.

## 우주는 어떤 형태를 가졌을까?

1915년에 일반 상대성 이론 아이디어를 발표한 아인슈타인은 다음으로 우주 전체의 형상과 변화 등의 연구에 몰두했습니다. 우주론cosmology이라는 학문 분야가 시작된 것이죠. 우주 전체의 형상이라니, 상상하기도 어려운 '그것'을 알아내려면

2장. 만유인력상수 *G*로 이해하는

어떤 연구를 어떻게 해야 하는 걸까요? 애초에 우주에 형태라는 게 있기나 할까요?

일반 상대성 이론 이전에는 우주가 어떤 형태이며, 어떻게 그렇게 되었느냐에 관해 생각하는 일은 신화나 동화의 영역에 지나지 않았습니다. 그러던 것을 과학적으로 연구하자고 들었으니, 아무도 구체적인 방법을 떠올리지 못했지요.

그러나 아인슈타인은 자신이 고안한 일반 상대성 이론이야말로 우주가 어떻게 만들어졌는지 논할 수 있는 도구라는 사실을 알았습니다. 아인슈타인은 우주의 부피는 유한하며 늘 일정하다, 즉 과거에도 그랬고 미래에도 언제나 변함없는 모습일 것이다, 라고 가정했습니다. (우주가 유한한지 무한한지는 현재의 연구자들도 확신하지 못하는 문제입니다. 그리고 항상 일정한 상태라는 가정은 명백히 틀렸음이 밝혀졌습니다. 그러나 학문 분야를 창시한 첫걸음으로는 나쁘지 않은 주장이었습니다. 아니, 오히려 위대한 업적이었죠.)

## 아인슈타인이 생각한 우주의 형태

아인슈타인이 생각한 유한한 공간이란 어떤 의미일까요? 왠지 머릿속이 꼬여 버릴 것 같은 느낌이 들지만, 사실은 수식을 쓰지 않고도 설명할 수 있는 내용입니다. (다만 수식을 쓰지 않기 때문에 설명도 이해도 간단하지만은 않습니다.)

가로×세로×높이만큼의 부피를 가지는 공간을 삼차원 공간이라고 합니다. 이를 수학에서는 '다양체'라는 용어를 써 가며 더욱 치밀하게 논하는데, 여기서는 대략적인 개념만 살펴보겠습니다.

유한한 삼차원 공간에는 다양한 종류가 있는데, 그중 아인슈타인이 우주의 형태로 채택한 것은 '$S^3$'이라는 모델입니다.[*] 이 표현은 번역될 때마다 '사차원 속 초구면hypersphere', '삼차원 초구면', '삼차원 구면' 등 제각각으로 사용되고 있는 혼란한 상태니까 우리는 그냥 $S^3$이라고 합시다.

$S^3$ 우주는 유한합니다. 하지만 경계가 없어서 한 방향으로 계속 나아가면 원래 있던 곳으로 돌아옵니다. 예를 들어 지구에서 안드로메다은하 방향으로 250만 광년가량 쭉 나아가면 안드로메다은하에 도착합니다. 멈추지 않고 더 나아가면 우리 은하와 안드로메다은하가 소속된 은하군group of galaxies을 벗어나서 어떤 별이나 수소 원자, 혹은 암흑 물질도 존재하지 않는 극도로 텅 빈 영역으로 나갑니다. (광속보다 빠르게 이동하는 것은 불가능한 일이지만, $S^3$ 우주를 설명할 때는 광속을 뛰어넘는 우주여행을

---

[*] $S^3$은 아인슈타인이 정적 우주static universe 모형을 주장하며 제시한 우주 방정식의 해로, 아인슈타인 우주Einstein universe로도 불린다.

2장. 만유인력상수 $G$로 이해하는

상상해도 괜찮습니다.) 여기까지의 행로는 이 우주가 $S^3$이든 아니든 똑같습니다.

그런데 이 우주가 정말 $S^3$이라면 이제부터 차이가 생깁니다. 우주에는 여러 은하단과 은하군 들이 있습니다. 그 천체들을 통과하며 여행하다 보니 어느덧 우리 앞에 커다란 나선은하가 등장했습니다. 한구석에 여덟 개의 행성을 거느린 항성이 있고, 그 항성을 도는 세 번째 행성은 너무도 반갑고 익숙한 푸른 빛을 띠었군요. 지구로 돌아왔습니다.

$S^3$ 우주에서는 일직선으로 계속 나아가면, 우주를 한 바퀴 돌아 원래 있던 곳으로 돌아옵니다. 어느 방향으로 나아가도 그렇습니다. 마치 공의 한 점에서 일직선으로 나아가면 한 바퀴 돌아서 출발 지점으로 다시 돌아오는 것과 닮았지요. (공의 표면은 $S^2$이라는 유한한 이차원 공간입니다.)

일직선으로 나아가면 원래 있던 곳으로 돌아온다는 말은, 이곳에서 출발한 빛이 꽤 오랜 시간 뒤에 이곳으로 되돌아온다는 얘기입니다. 그러므로 고성능 망원경을 하늘에 고정하고 빛이 우주를 한 바퀴 돌고 올 만큼 오랜 시간 기다리면 내 모습을 볼 수 있습니다. 이것을 아인슈타인이 "강력한 망원경만 있다면 우리는 (우주의 저편을 들여다보는) 우리 뒤통수를 볼 수 있다"는 말로 표현했다는 이야기가 있습니다. 진위는 알 수 없지만 $S^3$ 우주를 잘 설명한 말입니다.

## [그림 2-4] 아인슈타인의 S³ 우주

S³ 우주에서는 일직선으로 나아가면 우주를 한 바퀴 돌아서 원래 있던 곳으로 돌아온다.
망원경으로 우주의 저편을 들여다보면 내 뒤통수에서 반짝인 빛이 보인다.

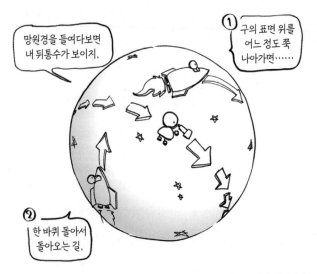

구의 표면 위를 나아가면 한 바퀴를 돌아서 원래 있던 곳으로 돌아오는 것과 비슷하다.
구면은 S²이라는 유한한 이차원 공간이다.

2장. 만유인력상수 *G*로 이해하는

## 우주의 크기는 얼마나 될까?

$S^3$ 우주를 한 바퀴 돌아 보려면 얼마나 먼 거리를 여행해야 할까요? 그 거리를 알면 곧 우주의 크기를 알 수 있을 텐데요.

우주론이 시작될 당시에는 우주의 크기에 대한 인류의 지식이 불확실했습니다. 우리은하가 우주의 전부라는 설도 있었지요. 그래서 아인슈타인이 우주의 모델로 우리은하 크기인 $S^3$ 우주를 떠올렸나 봅니다. 이만한 크기라면 10만~20만 광년쯤만 여행하면 지구로 돌아올 수 있으니까요.

뒤에서 다시 이야기할 테지만, 1924년에 에드윈 허블Edwin P. Hubble(1889~1953)은 우리은하의 바깥에 안드로메다은하가 존재하며, 이것이 우리은하에 맞먹는 항성들의 대집단임을 발견합니다. 그리하여 인류는 우주가 우리은하보다 훨씬 더 크고, 우리은하나 안드로메다은하나 그저 우주에 있는 무수한 은하들 가운데 하나에 지나지 않는다는 사실을 알아냈습니다.

최신 관측 데이터에 따르면 수많은 은하와 은하단이 존재하는 우주 공간은 최소 반지름 500억 광년 정도로 펼쳐져 있다고 합니다. 그 이야기는 만약 이 우주가 $S^3$이라면 우주를 일주하는 데 1000억 광년 이상이 걸린다는 뜻입니다. 아마도 실제 우주는 그보다 훨씬 더 광활하겠지요.

크기가 10만 광년이든 500억 광년이든 이 우주의 형태가 $S^3$

이라고 가정하면, 그 수치와 정보 등을 일반 상대성 이론 방정식에 대입해서 우주의 시간 변화를 계산할 수 있습니다. 그런데 실제로 (아마도 설레는 마음을 안고서) 이 계산을 해 본 아인슈타인은 결과를 보고 몹시 당황했습니다. 유한하고 일정한 우주를 나타내는 해는 없고, 끝없이 팽창하거나 수축하는 우주를 나타내는 변변찮은 해만 나왔기 때문입니다.

아인슈타인은 이 우주가 영원히 같은 모습일 거라 믿었습니다. 그런데 그 믿음을 반영하는 해가 나오지 않다니…… 이에 아인슈타인은 방정식을 조금 수정했습니다. 원래의 방정식에 상수항(방정식이나 다항식에서 변수를 포함하지 않는 항)을 한 개 추가한 것이죠. 그러자 영원히 변하지 않는 우주를 나타내는 해가 나왔습니다.

아인슈타인이 방정식에 추가한 상수항은 '우주 상수항'으로 불리게 됐고, 우주 상수항에 포함된 상수는 우주 상수 cosmological constant라는 이름을 얻었습니다. 이렇게 해서 아인슈타인은 1917년에 인류 최초의 우주론 논문을 발표했습니다.

## 그리고 폭발적으로 시작된 우주론

아인슈타인이 고안한 우주 상수는 일반 상대성 이론 방정식의 여러 해 중 하나입니다. 일반 상대성 이론의 해는 이것 말고도 몇 가지가 더 있습니다. 방정식의 해가 여러 개라는 것은 어떤 의미일까요?

꼭 일반 상대성 이론이 아니더라도 방정식 중에는 해를 여러 개 가지는 것들이 있습니다. 가령 $x^2 = 1$이라는 방정식은 1과 -1이라는 두 개의 해를 가집니다. 하지만 "면적이 $1m^2$인 정사각형의 한 변의 길이는?" 하고 묻는다면 이 문제의 해는 1m 하나뿐입니다. -1m를 답으로 적는다면 가차 없이 빨간 줄이 그어지겠지요.

이와 마찬가지로 일반 상대성 이론 방정식의 해는 수학적으로 여러 개 존재합니다. 하지만 이 우주를 나타내는 현실적인 해는 그중 단 한 개뿐입니다. 어떤 것이 정답인지는 관측으로 검증되며, 관측 데이터와 모순되는 해는 제거되고 모순 없이 딱 들어맞는 해만 남습니다. 살아남은 해는 추가 관측 결과와 대조를 거치게 됩니다.

아인슈타인의 우주론 논문은 전 세계 천재들을 자극했습니다. 이 새로운 퍼즐에 수많은 학자가 정신없이 몰두한 결과, 몇 가지 해가 발견되었죠. 신이 난 학자들이 보고한 다양한 해 가운데는 아인슈타인이 거들떠보지도 않았던, 수축하거나 팽창하는 우주도 포함되어 있었습니다. 아니, 실은 그런 해가 더 많았습니다.

아인슈타인은 영원히 변하지 않는 우주를 믿지 않는 무리에게 호의적이지 않았습니다. 떠도는 이야기로는 아인슈타인이 "그런 연구자들은 물리학 감각을 제대로 갖추지 못했다"며 투덜거렸다고 합니다.

### 멀리 달아나는 또 다른 은하

한편, 미국의 윌슨산천문대Mt. Wilson Observatory에서는 허블이 망원경을 들여다보고 있었습니다. 앞에서 잠시 이야기했던 것처럼 허블은 우리은하 바깥에 또 다른 은하가 있는 것을 발견했지요. 당시 윌슨산천문대는 머나먼 은하까지의 거리를 측정할 수 있는 구경 2.54m(100인치)짜리 세계 최대 반사망원경을 갖추고 있었습니다.

은하까지의 거리를 구하는 데 성공한 허블은 한 걸음 더 나아가 그 은하들의 속도를 측정해 보았습니다. (속도를 측정하는 데는 도플러 효과라는 현상을 이용하는데, 여기서는 자세한 설명을 생략합니다.) 그러자 놀랍게도 대부분의 은하가 우리은하로부터 계속해서 멀어지고 있었습니다. 멀리 있는 은하일수록 더욱 빠른 속도로 달아났습니다. 허블의 발견은 우주가 계속해서 팽창하고 있다는 증거였습니다. 1929년의 일이었습니다.

## 70억 년 전에는 지금의 절반 크기였던 우주

허블의 발견은 우주가 팽창하고 있다는 증거이자, 일반 상대성 이론 방정식의 여러 해 중에서 현실 우주를 올바르게 나타낸 것은 '우주 팽창의 해'라는 증명이었습니다. 이로써 아인슈타인의 우주 상수를 필두로 한 다른 해들은 모두 퇴장당했습니다.

우주가 팽창하고 있다는 말은 과거에는 우주가 지금보다 좁았다는 의미입니다. 만약 현재 우주를 한 바퀴 돌아 출발점으로 돌아오는 데 1000억 광년이 걸린다고 가정하면, 과거에는 더 짧은 기간에 우주를 일주할 수 있었다는 이야기죠. 최신 팽창률(우주가 얼마나 빠르게 팽창하는지를 나타내는 수치) 측정값을 이용해서 계산해 보면 70억 년 전 우주의 크기는 현재 크기의 절반 정도였던 것으로 보입니다. 우주를 일주하는 데 500억 광년이면 충분했던 셈이지요.

과거로 가면 갈수록 우주의 크기는 더욱 작아집니다. 더더욱 시간을 거슬러서 100억~150억 년 전의 과거로 훌쩍 돌아가 보면 우주의 크기는 0이 됩니다. 우주는 항상 같은 모습을 유지하기는커녕, 100억여 년 전에 아주아주 작은 크기로 시작되었던 것입니다. 바로 이것이 허블의 발견으로 알게 된 사실입니다.

허블의 발견은 이처럼 역사를 통해 살펴보면 그 중요성을 또렷하게 알 수 있지만, 당시에는 별로 인정받지 못했습니다. 그 이유 중 하나로 허블이 측정했던 우주 팽창률, 그러니까 허블상수Hubble constant의 값이 후세의 측정값보다 7배가량 컸던 점을 꼽을 수 있습니다. 당시 세계 최고 성능의 망원경으로도 허블 상수를 정확히 알아내기는 무척이나 어려웠던 것이죠. 허블이 도출한 값을 적용하면 우주의 나이는 20억 년 정도로 계산되었고, 이는 지층을 조사해서 추정한 지구의 나이보다도 적었습니다. 아무리 그래도 우주의 나이가 지구보다 어리다는 주장은 설득력이 없었습니다.

하지만 시간이 흐르고 기술이 발달해 정밀도가 더욱 높은 허블 상수를 얻게 되면서 마침내 세상은 우주 팽창의 해가 이 우주를 나타내는 현실적인 해라는 사실과 우주가 과거 한 시점에 폭발적으로 탄생했다는 가설을 받아들이게 되었습니다.

이리하여 일반 상대성 이론이 우주의 형태와 시간 변화를 논할 수 있는 도구라는 사실이 명백해졌고, 방정식의 어떤 해가 우리 우주를 정의하는지는 관측 데이터에 따라서 정하는 방식이 확립되었습니다. 현재는 허블 상수 등의 물리량이 매우 정확하게 측정되고 있습니다. 이것을 일반 상대성 이론의 방정식에 대입하면 우주의 나이는 138억 년으로 계산됩니다.

## 더욱 팽창하는 우주

실제 우주가 항상 같은 모습이 아니라면, 아인슈타인이 방정식에 덧붙인 우주 상수항은 이제 더는 필요가 없습니다. 그런데 오늘날 아인슈타인의 우주 상수항은 다른 이유에서 중요하고 빠뜨릴 수 없는 상수항으로 여겨집니다.

20세기 말, 머나먼 은하가 우리에게서 멀어지는 속도를 매우 정밀하게 측정해 보았더니 우주의 팽창 속도가 서서히 가속되고 있었습니다. 여태 우주가 일정한 속도로 팽창해 온 게 아니었던 겁니다. 이 말은 곧, 우주를 나타내는 현실적인 해는 '가속 팽창의 해'라는 뜻입니다. 그런데 가속 팽창의 해는 우주 상수항을 포함한 방정식으로 구해집니다. (우주 상수항은 우주를 항상 같은 모습으로 유지하기도 하고, 가속 팽창시키기도 합니다.)

우주 상수항이 갖는 물리적 의미가 무엇인지는 아직 정확하게 밝혀지지 않았습니다. 하지만 우주 상수항이 0이 아니라는 말은 지금까지 진공인 줄 알았던 우주 공간에 실제로는 어떤 종류의 에너지가 가득 차 있다는 뜻입니다.

그 에너지의 정체는 무엇일까요? 아무도 모릅니다. 그전까지는 아무도 알아차리지 못하다가 20세기 말에 홀연히 나타난, 보이지 않는 에너지입니다. 정체는 몰라도 일단 이름부터 붙여야 이야기를 이어 나갈 수 있겠죠? 이 에너지는 보이지 않는 에너지라는 뜻에서 암흑 에너지dark energy로 불립니다. 그 후로 20여 년이 넘도록 연구자들은 암흑 에너지의 정체에 관해서 머리를 싸매고 있으나, 아직 이름 말고는 정확히 아는 것이 없습니다. (만약 그 이상의 무언가를 알아낸 독자가 있다면 저에게도 알려 주세요.)

암흑 에너지 외에도 우주에는 아직 밝혀지지 않은 수많은 비밀이 있습니다. 깜짝 놀랄 만큼 기본적인 사항들조차 여전히 밝혀지지 않은 것이 많습니다. 우주의 부피가 유한한지 무한한지도 아직 모릅니다. 만약 유한하다면 크기는 어느 정도인지, 우주의 형태가 $S^3$인지 아닌지 등도 아직 분명치 않습니다.

현재 관측 가능한 우주의 범위는 반지름 466억 광년 정도지만, 그보다 멀리에도 비슷한 공간이 펼쳐져 있을 것으로 생각됩니다. 그보다 더 앞으로 나아가면 $S^3$ 우주를 한 바퀴 돌고 지구로 돌아오게 될까요? 아니면 우주는 정말로 무한하게 펼쳐져 있어서 아무리 나아가도 출발점으로 돌아올 수 없는 걸까요? 아무도 모릅니다.

우주가 138억 년 전에 시작되었음을 인정한다면, 우주의 '그 전'은 어땠을까요? 일반 상대성 이론을 단순하게 적용하자면 '그 전'은 존재하지 않습니다. (어떤 종류의) 우주 팽창의 해에 따르면 시간과 공간은 모두 0부터 시작하며, '그 전'에는 시공간이 존재하지 않습니다.

2장. 만유인력상수 $G$로 이해하는

그런데 일반 상대성 이론이 엄밀하게 시공간이 0인 순간까지 적용 가능한 방정식이냐를 따지자면, 불가능하다고 보는 사람이 훨씬 많습니다. 아무래도 우주는 알면 알수록 더 이해할 수 없는 점이 늘어나는 대상인 듯합니다. 뉴턴의 시대에 한 줌의 법칙만으로도 이해할 수 있었던, 시계처럼 정확하게 움직이던 우주가 오늘따라 참 좋아 보입니다.

### 중력이 100만 배가 되면 인류는 0.5밀리초 만에 소멸

2장에서는 미약한 만유인력상수 $G$가 어떻게 우주의 형태를 이루고 있는지 알아보고, 인류가 그것을 이해해 온 과정(또는 이해하지 못했음을 깨달아 온 과정)을 살펴보았습니다. 이 이야기를 마무리하면서 만유인력상수가 지금보다 크다면 우주는 어떻게 될지 함께 고찰해 봅시다.

내일부터 만유인력상수가 100만 배가 된다고 가정하겠습니다. 그러면 새로운 $G$의 값은 $6.67430×10^{-5}N·m^2/kg^2$입니다. 만유인력상수 $G$는 원래부터 워낙 작은 값이어서 100만 배를 해도 그리 도드라지지 않습니다. 이렇게 100만 배로 커져도 자연계의 다른 힘들과 비교하면 여전히 약하지요.

가령 전자와 양성자 사이에 작용하는 중력을 100만 배로 키우더라도 그 힘은 둘이 서로를 끌어당기는 전기력의 $4×10^{-34}$

배, 즉 1조분의 1의 1조분의 1에 다시 100억분의 4 정도입니다. 그러므로 중력의 변화는 (광속의 변화와 달리) 원자와 분자의 구조 등에는 영향을 주지 않습니다.

그러나 100만 배의 중력이 우리의 생활에 미치는 변화는 매우 큽니다. 우선, 가까이 있는 물체가 우리 몸을 끌어당기는 중력을 느낄 수 있게 될 것입니다. 질량 1t인 자동차가 1m 떨어진 곳에 있는 50kg의 사람을 끌어당기는 중력은 약 3N이 되지요. 이것은 현재의 중력 환경에서 중간 크기의 맥주잔 하나를 들어 올릴 때 드는 힘입니다.

다음으로, 현재 약 10m/s²인 지구의 중력가속도는 터무니없이 큰 1000만 m/s²이 됩니다. 이 힘은 백색 왜성의 표면 중력과 비슷한 수준입니다. (백색 왜성이 세계의 유명 건축물처럼 인기 있는 척도는 아니다 보니 어느 정도인지 쉽게 와닿지 않을 수도 있겠군요.) 중력가속도 1000만 m/s²의 환경에서는 사람이 넘어지거나 떨어지면 치명적인 해를 입습니다. 이 환경에서 1m 높이에서 떨어질 때의 에너지는 현재의 중력 환경에서 약 1,200km 높이에서 떨어지는 것과 맞먹기 때문입니다. 자칫 나자빠졌다가는 땅바닥에 떨어져 철퍼덕 퍼진 '액체 괴물(슬라임slime이라고도 하는 장난감)' 같은 꼴이 되고 말 겁니다. 나자빠진다고 표현했지만, 실제로 몸무게가 100만 배가 되면 당연히 서 있을 수도 없게됩니다. 인체의 모든 부위가 지면을 향해 낙하할 테니까요.

또 100만 배의 중력 환경에서는 1m를 낙하하는 데 0.5밀리초(ms, 1,000분의 1초)도 걸리지 않습니다. 내일 0시부터 중력이 현재의 100만 배가 된다면 겨우 0.5밀리초 만에 지구상에는 80억 개의 액체 괴물이 생기겠군요.

낙하 속도가 빨라진다는 말은 달이나 인공위성의 궤도 운동 속도도 함께 빨라진다는 의미입니다. 달이 지구 주변을 한 차례 도는 공전 주기를 '한 달'이라고 하지요? 중력이 강해져도 달의 궤도 반지름이 변하지 않는다(즉, 지구와 충돌하지 않는다)고 가정할 때, 중력이 현재의 100만 배가 되면 한 달은 40분이 됩니다. 달은 금세 뜨고, 지고, 차고, 이울며 원래의 위치로 돌아올 것입니다.

달과 마찬가지로 행성들의 궤도 반지름이 변하지 않는다고 가정하면, 지구가 태양 주변을 공전하는 주기인 '한 해'는 8시간 46분으로 단축됩니다. 그러면 지구의 공전 주기는 자전 주기(현재 23시간 56분)보다 더 짧아지기 때문에 지구에서 보이는 태양의 움직임은 주로 공전에 따라서 정해질 것입니다. 해가 서쪽에서 떠서 동쪽에서 지고, 10시간 정도의 주기로 또다시 떠오를 거란 얘기입니다. 그러니 철퍼덕 퍼진 액체 괴물이 되지 않고 용케도 살아남은 사람들은 달력의 기본 개념부터 새롭게 만들어야 합니다.

## 시꺼먼 태양의 출현

태양이 정신없이 빠르게 뜨고 질 거란 이야기에 혹시 밝은 낮과 어두운 밤이 몇 시간마다 번쩍번쩍 바뀌는 광경을 떠올렸나요? 우주의 중력이 현재의 100만 배가 되더라도 아마 이러한 일은 벌어지지 않을 겁니다. 우리의 태양이 블랙홀이 되어 버릴 테니까요.

만유인력상수가 100만 배가 되면 천체 표면에서 물체가 중력을 이기고 쭉 날아오르는 데 필요한 탈출 속도는 1,000배가 됩니다. 현재 태양 표면으로부터의 탈출 속도는 약 600km/s 이므로 지금의 1,000배가 되면 광속을 넘어서게 됩니다. 알다시피 그 무엇도 광속은 뛰어넘을 수 없습니다. 그러므로 태양 표면에서 빛 한 줄기조차 이탈할 수 없게 되어 블랙홀 하나가 뚝딱 완성됩니다. 눈부신 태양은 자취를 감추고, 우주에는 뻥 뚫린 구멍처럼 시꺼먼 물체만 남겠군요. 낮에도 밤에도 어둡기만 할 지구의 하늘에서는 몇 시간마다 검은 태양과 검은 달이 오가며 뜨고 지기를 되풀이할 테고요.

현재 우주에서 질량이 태양 정도 되는 블랙홀의 반지름은 3km입니다. 따라서 광활한 우주에서 블랙홀이 된 우리의 태양은 거의 보이지도 않을 겁니다. 하지만 만유인력상수가 지금의 100만 배인 우주에서는 태양 질량 블랙홀의 반지름이

300만 km가 될 테고, 이 정도면 현재의 태양보다도 크므로 맨눈에도 '잘' 보일 겁니다.

지금 태양이 있는 자리에 생겨난 반지름 300만 km의 블랙홀은 희미하게 빛나는 띠를 두른 새까만 천체의 모습으로 보이겠군요. 어둡고 잘 안 보여도 집중해서 찾아보면 뒤쪽의 별들을 가리고 있는 그 존재를 확인할 수 있을 것입니다.

## 짧아지는 행성의 수명

블랙홀이 실제로 존재하느냐 하는 문제는 오랫동안 논쟁의 대상이었는데, 중력이 100만 배로 커진 우주에서는 그 존재를 직접 확인할 수 있습니다. 정말로 중력이 더 강했더라면 일반 상대성 이론의 효과 중 많은 것을 쉽게 검증할 수 있었을 겁니다.

중력파gravitational waves도 그러한 예 중 하나입니다. 중력파는 시공간에 발생한 중력 변화가 파동을 일으키며 퍼져 나가는 현상으로, 아인슈타인이 일반 상대성 이론에서 예언한 뒤 후세의 연구자들이 실제로 검출하기까지 100년이 걸렸습니다. 이처럼 검증하기 어려운 현상의 증거도 중력이 지금의 100만 배인 우주에서는 흔하게 찾아볼 수 있습니다.

앞에서 태양의 중력이 100만 배가 되어도 지구 등 행성의 궤도 반지름은 변하지 않는다고 가정했으므로, 다른 행성들 역시 태양(이 변한 블랙홀)과의 거리를 유지하면서 아주 힘차게 공전하게 됩니다. 그러나 이 상태는 오래 이어지지 않습니다. 블랙홀이 된 태양 주위를 몇 시간 주기로 날쌔게 공전하던 행성들은 중력파를 방사하며 서서히 태양으로 접근하다가 결국에는 블랙홀 태양으로 빨려 들어갑니다.

계산해 보면 태양에 가장 가까운 수성은 (현재 우리의 단위로) 약 2만 년이면 궤도 반지름이 수축해서 블랙홀 태양에 통째로 쏙 빨려 들어갑니다. (이 현상을 조금 자세히 설명하자면, 슈바르츠실트 반지름이 큰 물체일수록 기조력tidal force이 약하게 작용하므로, 수성은 이때 파괴되지 않고 통째로 삼켜질 거라고 합니다. 그러면 부착 원반accretion disk이 만들어지지 못하니 감마선이나 엑스선 등은 방사되지 않겠지요.)<sup>*</sup>

---

<sup>*</sup> 기조력이란 물체 간 상호작용에 따라 중력이 다르게 작용함으로써 발생하는 부수적인 힘을 말한다. 가령 달-태양-지구의 상대적 위치, 세 천체의 인력, 지구 자전으로 인한 원심력이 복잡하게 상호작용한 결과로 지구상의 위치에 따라 달이 미치는 인력이 달라져서 밀물과 썰물, 즉 조석 현상이 생긴다. 그래서 기조력을 조석력이라고도 한다. 천체 간에 기조력이 작용할 때는 슈바르츠실트 반지름이 작은 천체일수록 기조력을 강하게 받으므로, 작은 천체는 더 큰 천체의 중력으로 인해 파괴되기도 한다. 그래서 작은 천체들은 블랙홀에 삼켜질 때 대부분 파괴되어서 흡수되는데, 수성은 슈바르츠실트 반지름이 큰 만큼 기조력을 약하게 받으므로 파괴되는 일 없이 통째로 블랙홀에 삼켜질 것으로 추정된다. 질량이 큰 블랙홀이 천체를 흡수하기 위해서 기조력으로 끌어당겨서 파괴하는 것을 조석 파괴라고 한다. 조석 파괴 현상 등으로 천체가 부서지면 천체를 이루고 있던 가스 등이 블랙홀 주변에 원반 형태로 흩어지면서 부착 원반을 형성한다. 부착 원반을 이룬 기체들도 차츰 블랙홀로 빨려 들어가면서 에너지를 방출하는데, 이때 엑스선과 감마선 등 고에너지 방사선이 방출된다.

2장. 만유인력상수 *G*로 이해하는

행성들은 이런 식으로 차례차례 블랙홀 태양에 잡아먹힐 것입니다. 지구는 약 5만 년, 목성은 약 10만 년이면 태양에 흡수되겠지요. 중력이 100만 배가 된 우주에서 행성은 오래 살아남기 어려울 듯합니다.

## 지금과는 다른 원리로 빛날 우주

역시 중력은 우주를 지배하는 힘이었습니다. 만유인력상수 $G$가 지금과 달라지면 항성이나 행성과 같이 우리 눈에 익숙한 천체들은 존재하지 않게 됩니다. 하지만 만유인력상수가 다른 우주에는 우리 우주와는 또 다른 원리로 빛을 내는 천체들이 있을지도 모릅니다. 가령 중력 수축으로 빛나는 성간운interstellar cloud이 후보가 될 수 있겠군요.

앞에서 이야기했듯 항성은 원래 우주 공간에 떠돌던 극히 희박한 가스였습니다. 그러던 것이 중력의 영향으로 모이고, 수축해서 온도가 오르고, 내부에서 핵융합 반응이 점화되어 밝은 빛을 내뿜는 항성이 된 것이죠. 만유인력상수가 지금의 100만 배가 되는 우주에서는 성간운이 우리 우주의 항성 크기만큼 수축해서 블랙홀이 되어 버리기 때문에 빛을 낼 수 없게 됩니다.

다만 성간운이 그렇게까지 작게 수축하지 않고 어느 정도 쪼그라들기만 해도 중력 에너지가 열로 변해서 성간운을 데우고, 뜨거워진 성간운에서 빛이 방출됩니다. 중력이 지금의 100만 배가 되면 어림잡아도 방출되는 에너지 역시 100만 배입니다. 이 정도 에너지면 광원으로서 우주 공간을 밝히고, 열원으로서 행성(현재 우리의 행성에 해당할 천체)을 데워 우주를 밝고 활기찬 공간으로 만들지도 모릅니다.

## 복잡하고 예상하기 어려운 항성 진화

중력 작용으로 모인 성간운이 어떤 천체가 되는지를 알아보는 연구를 항성 진화stellar evolution라고 부릅니다. 그런데 항성 진화는 매우 복잡한 현상이어서 예상하기가 어렵습니다. (참고로 '진화'라는 용어는 생물학에서는 생물종의 변화를 뜻하지만, 천문학에서는 항성 한 개체의 변화를 가리키므로 그 의미가 다릅니다. 굳이 따지자면 게임이나 창작물에 등장하는 한 개체의 모습이나 능력이 '레벨 업'되는 것을 진화했다고 말하는 것에 가깝습니다. 그러니 혹시 게임이나 창작물에서 진화라는 용어가 남용되는 것을 불편하게 느끼는 사람이 있다면, 천문 연구자들도 이 용어를 딱 그렇게 쓰고 있음을 이 자리를 빌려 은밀히 알려 드립니다.)

항성의 재료는 수소에 헬륨을 살짝 섞은 가스입니다. 그것이 뉴턴의 만유인력 법칙이라는 단순한 법칙에 따라 모여서 만들어진 것이 항성입니다. 그렇다면 이런 진화는 가스를 용기에 넣고 변화를 관찰하면 간단히 예상할 수 있지 않을까요? 다른 점이라곤 고작 가스의 양에 따라서 커다란 항성이 만들어지느냐, 자그마한 항성이 만들어지느냐 하는 정도의 차이가 아닐까요?

그러나 완성된 항성들은 팽창하는 별, 수축하는 별, (팽창과 수축을 반복하며) 맥동하는 별 등등으로 제각기 달리 행동하며, 처음에는 수소와 헬륨이 모여 만들어졌는데 어느 틈에 탄소, 산소, 규소, 철 등과 같은 원소가 튀어나와서 항성 내부에 층을 이루고 내부 구조를 만들어 갑니다. 그리고 초기에는 작게 수축하는 것도 있는가 하면 폭발하는 것도 있는데, 그렇게 될 때까지의 수명도 단순하게 처음 모인 가스의 양이 적으면 길고 가스의 양이 많으면 짧다는 식으로 볼 수가 없습니다.

정말 복잡합니다. 너무 복잡해서 천문학자들도 항성 진화를 전공하지 않으면 어떤 질량을 가진 가스가 어떠한 항성이 되어 어떠한 생애를 보낼지 선뜻 답하지 못합니다. 이 복잡함은 단순한 재료에서도 복잡하고 예상하기 어려운 다양한 결과가 생겨날 수 있다는 이 세상의 성질 중 하나를 보여 주는 것이라 할 수 있겠지요.

우리 우주의 이러한 사정에 비추어 보면, 만유인력상수가 다른 우주에서 성간운이 어떻게 진화할지 정확하게 예상하는 일도 만만찮게 어려울 것 같습니다. 그러니 만유인력상수가 지금의 우주와 달라도 성간운에서는 천차만별한 천체들이 탄생할 것이며, 그들이 우주를 풍요롭게 장식할 것이라고 두루뭉술하게 정리하고 이야기를 마쳐야겠습니다.

지금보다 중력이 100만 배 큰 우주에서는 이 밖에도 우리은하 자체가 하나의 '초초거대질량 블랙홀'이 되고, 따라서 우리는 그 블랙홀 내부에서 살게 되며, 우주 팽창의 속도가 느려지고 다양한 이변이 일어나는 등 끝없는 이야기가 펼쳐질 테지만, 우리는 슬슬 다음 이야기로 이동할 때가 되었습니다. 다음 이야깃거리는 전자와 양성자의 기본전하량 $e$입니다.

# 기본전하량 $e$로
# 이해하는 기본 입자

## 전자와 양성자 알갱이들이 일으키는 전기 현상

이번에는 전자electron라는 입자와 관련 있는 물리상수를 소개할 차례입니다. 전자의 기본전하량elementary charge인 $-e$가 3장의 주인공입니다. 또는 양성자proton라는 입자의 기본전하량인 $+e$라고 해도 좋습니다.

우리에게 친숙한 전기 현상은 모두 전자와 양성자라는 알갱이들이 일으킵니다. 특히 전자가 그러합니다. 날이 건조할 때 스웨터에서 타닥 소리가 나거나, 세탁기가 돌아가거나, 전철 안에서 이 책을 전자책으로 읽거나 하는 때는 모두 전자라는 알갱이들이 이리저리 움직이며 활약하는 중이라고 보면 됩니다.

그렇다면 전자(와 양성자)만 이해하면 우리가 잘 아는 전기 현상들을 전부 다 이해할 수 있느냐…… 하면, 그게 또 그렇지만은 않습니다. 전기와 자기가 일으키는 현상을 하나로 정리해서 다루는 학문 분야를 전자기학electromagnetism이라고 하는데, 전자기학의 법칙에는 $e$가 포함되지 않습니다. $e$의 값이 얼마든, 양의 값이든 음의 값이든, 전자기학의 법칙에는 영향을 주지 않습니다. 이 말은 $e$의 값이 왜 그 값인가를 고찰하는 과정에도 전자기학의 법칙이 등장할 일은 없다는 뜻입니다.

물리상수를 이해하면 세상을 이해할 수 있다는 것이 이 책의 주제이지만, 기본전하량 $e$는 예외입니다. 미안하지만 $e$를 알아도 전자기학을 이해할 수는 없습니다. 그렇다면 $e$를 알면 무엇을 이해할 수 있을까요? 기본전하량 $e$를 통해서는 우리 우주를 이루고 있는 기본 입자elementary particle(소립자)라는 알갱이들에 관하여 다양한 사실을 알 수 있습니다.

## 전기의 양을 측정하려면

전기는 눈에 보이지 않으니 붙잡고 살펴볼 수도 없이 추상적이어서 좀처럼 이해하기 쉽지 않은 상대입니다. 날이 건조할 때 스웨터에서 타닥 소리가 나거나 머리카락이 사방으로 뻗히는 현상 등의 원인이 전기라는데, 세탁기가 돌고 전철이 달리고 스마트폰이 정보를 전달해 주는 것 역시 전기가 하는 일이라고 합니다. 그렇다면 사방으로 뻗힌 머리카락과 스마트폰

화면에 뜬 사진이나 영상은 어떤 상관관계가 있을까요? 공통점을 떠올리기가 쉽지 않은 다양한 역할을 모두 해내는 전기라는 놈의 정체는 대체 무엇일까요?

인류사 대부분의 시간 동안 전기란 때때로 타닥 소리나 내고, 피부에 따끔한 느낌을 주기도 하는, 쓸모없고 귀찮은 방해물 같은 존재였습니다. 전기가 세탁기나 전철이나 스마트폰을 움직이며 인류에게 봉사하게 된 역사는 최근 100여 년 남짓입니다.

전기 현상에 관해서 인류가 알아차린 가장 첫 번째 성질은 전기가 물체에서 물체로 흐르거나 이동하며, 전기를 띤 물체는 서로 끌어당기거나 반발한다는 점이었습니다. 머리카락에 플라스틱 책받침을 비벼서 전기를 일으켜 본 경험이 있나요? 이때 책받침을 위로 들어 올리면 머리카락은 자기들끼리 서로 최대한 멀어지려고 반발하는 동시에 책받침에 들러붙으려고 위로 힘껏 뻗쳐오릅니다. 전기를 띤 머리카락이 책받침에 감도는 전기에 이끌려서 곤두선 것이죠.

옛사람들도 이와 비슷한 현상을 보면서, 전기에는 두 종류가 있어서 같은 전기끼리는 서로 반발하고(반발력) 다른 전기끼리는 서로 끌어당기는(인력) 게 아닐까 짐작했을 겁니다. 그리고 과학자들은 이 성질을 이용해서 전기의 양을 측정했지요. 전기와 전기 사이에 작용하는 반발력 또는 인력을 측정해

3장. 기본전하량 *e*로 이해하는

## [그림 3-1] 전기의 성질

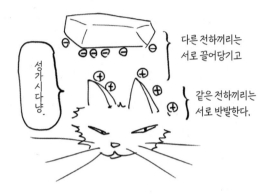

고양이 털에 호박(광물)을 비비면
'전기 유체'*가 이동해서 두 쪽 모두 전하를 띤다.

다른 전하끼리는
서로 끌어당기고

같은 전하끼리는
서로 반발한다.

성가시다냥.

서 전기량을 알아내는 방법입니다. (물체와 지구 사이에 작용하는 중력의 세기를 측정해 질량을 알아내는 '저울'의 원리와 비슷합니다.) 두 물체를 1m 떨어뜨리고 각각 같은 전기량을 띠게 합니다. 그 물체들이 서로 $10^{10}$N 정도의 힘으로 반발한다면, 그 전기량을 1C(쿨롬)으로 봅니다. 전기량은 전하량이라고도 합니다.

전하량의 단위 쿨롬은 프랑스의 위대한 과학자 샤를 드 쿨롱의 이름에서 유래했습니다. 쿨롱은 1785년에 전하와 전하 사이에 작용하는 힘을 측정하여 그 법칙을 밝혀냈습니다. 전하와

---

* 18세기에 전기를 연구하던 과학자들은 전기가 물체의 표면을 따라 흐르는 유체fluid라고 생각했다.

전하 사이에 작용하는 이 힘은 '정전기력' 혹은 '쿨롱힘' 등으로 불리는데, 이 책에서는 간단히 '정전기'라고 부르겠습니다.

2장에 등장했던 캐번디시는 쿨롱보다 먼저 이 법칙을 발견했지만, 자기주장이 서툴러 이것을 세상에 발표하지 않은 탓에 쿨롱 법칙을 발견하는 명예는 쿨롱에게 돌아갔습니다. 만약 캐번디시가 성과를 제대로 발표했더라면 전기력의 법칙은 쿨롱 법칙이 아닌 캐번디시 법칙으로 불리고, 전하량의 단위는 쿨롱이 아니라 캐번디시가 되었을지도 모릅니다. 하지만 이름만 보면 쿨롱이 캐번디시보다 발음하기가 쉬워서 단위명으로 쓰기에 아주 적절하니, 지금의 결과도 그리 나쁘지 않은 듯합니다.

**전자의 기본전하량 $e = -1.602176634 \times 10^{-19} C$**

우리에게 친숙한 전기 현상은 모두 전자와 양성자라는 알갱이들이 일으킵니다. 전자와 양성자는 원자를 이루는 부품 같은 것으로, 온갖 곳에 다 있습니다. 우리 몸에도 약 $10^{27}$개의 전자와 양성자가 있습니다. 원자 안에 전자와 양성자가 들어 있는 모습을 간단히 표현하면 [그림 3-2]와 같습니다.

원자의 중심에는 원자핵이라는 알갱이가 있습니다. 원자핵은 양성자와 중성자neutron가 달라붙어서 이루어졌는데, 원자

**[그림 3-2] 원자 안에 들어 있는 전자와 양성자**

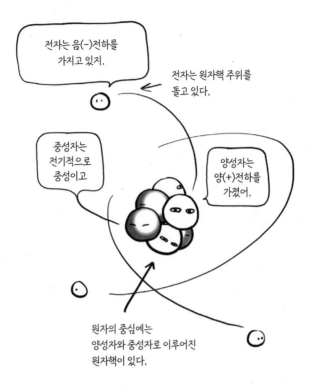

는 아주아주 작은 알갱이이고, 원자핵은 원자보다도 수만분의 1 정도로 더 작습니다. 그런데 원자의 질량 대부분이 그만큼 작은 원자핵에 집중되어 있습니다. 전자의 질량은 양성자의 1,800분의 1가량이며, 가벼운 전자는 무거운 원자핵 주위를 빙빙 돌고 있습니다.

전자와 양성자가 가진 전하량을 쿨롬 단위로 나타내면 전자의 전하량은 $-1.602176634 \times 10^{-19}$C, 양성자의 전하량은 $+1.602176634 \times 10^{-19}$C입니다. 둘의 전하량은 부호가 서로 반대지만, 절댓값(크기)은 같습니다. (참고로 중성자는 전하를 띠지 않아서 전기적으로 중성입니다. 그래서 중성자라고 부릅니다.)

전자와 양성자의 전하량은 왜 부호만 다르고 크기는 같을까요? 이 의문에 정확하게 답할 수 있는 사람은 없습니다. 전자와 양성자라는 서로 다른 입자의 전하량이 똑같은 절댓값을 가지면서 부호가 반대인 이유에 대해서는 어디에도 잘 설명되어 있지 않습니다.

이유는 모르지만, 아무튼 전자와 양성자의 전하 크기가 같아서 전자와 양성자를 같은 개수 만큼씩 가지는 원자는 음전기와 양전기의 효과가 사라져 전기적으로 중성이 됩니다. 이것이 일반적인 상태의 원자입니다.

## 전기 현상의 원인은 원자에서 툭 떨어진 전자

그런데 전자가 원자에서 툭 떨어져 방황하는 때가 있습니다. 전자를 잃은 원자에는 양성자의 개수가 더 많아지므로 원자는 양전하를 띱니다. 이렇게 원자에서 전자가 떨어지는 현상이 대부분의 전기 현상을 일으키는 원인입니다. 방전 스파크가 튀거나 전기가 통하는 등의 현상을 일으키는 원인이 주로 원자에서 툭 떨어져서 헤매는 전자입니다. 이 전자는 자유 전자 free electron라는 멋진 이름으로 불립니다.

전자와 달리 양성자, 그리고 양성자를 가진 원자핵은 전자보다 압도적으로 질량이 크고, 물질 속에 고정되어 있어서 전기 현상이 일어날 때 거의 움직이지 않습니다. (물론 상황에 따라서는 움직입니다.)

공기의 정체는 산소 분자와 질소 분자 등등이 여기저기 둥둥 떠다니고 있는 것인데, 그런 공기의 부피 대부분은 텅 빈 진공입니다. 그 공간은 자유 전자가 쉽게 빠져나갈 수 있는 곳이 아니지만, 전자가 주변의 강한 전기력에 의해 꾸역꾸역 빠져나오는 경우가 있습니다. 바로 이것이 정전기 스파크의 원인이 됩니다. 이럴 때 전자는 여기저기서 산소 분자나 질소 분자와 부딪쳐서 원래 있던 전자를 쫓아내거나, 빛이나 열을 발산하며 타닥 소리를 내고, 우리 몸에 닿으면 따끔한 감촉을 일으킵니다.

금속은 금속 원자들이 꽉꽉 뭉쳐 있는 덩어리이지만, 전자의 관점에서 보면 구멍이 숭숭 뚫린 틈새투성이나 마찬가지입니다. 금속에 전류가 흐르는 현상은 다량의 전자가 금속 원자들 사이의 빈틈으로 우르르 몰려가는 일이죠. 분자에 부딪혀 가며 간신히 빠져나가든 틈새를 따라 우글우글 헤엄쳐 나가든, 전자 집단이 흘러서 가는 것이 곧 전류electric current입니다.

## 전 세계 학생들이 물리를 멀리하게 만든 범인

그런데 전자는 음전하를 띠기 때문에 전자가 이동하는 방향과 전류가 흐르는 방향은 정반대입니다. 전류는 전지의 양극에서 음극으로 흐르고, 반대로 전자는 전지의 음극에서 양극으로 이동합니다.

이건 참 이상한 이야기입니다. 전기에 관해서 처음 배울 때는 이 전류와 전자의 이해할 수 없는 관계를 맞닥뜨리는 순간 허둥거리지 않을 수가 없습니다. 이 상황을 받아들이지 못하면 진도를 나갈 수도 없지요. 여러분도 비슷한 경험이 있지 않나요? 이 부분을 배우다가 혼란에 빠진 학생들이 전 세계에 몇십억 명은 있을 것으로 추정됩니다. 적지 않은 수의 학생들이 이 대목에서 일찌감치 물리학을 단념했을지도 모릅니다.

만약에 전자가 양전하를 가졌다면 전류의 방향과 전자의 이동 방향이 일치하므로 이런 혼란이 일어나지 않았을 겁니다. 훨씬 많은 학생이 물리와 친해질 수 있었을 거란 말입니다!

대체 왜 이렇게 혼란스럽고 이해하기 힘든 상황이 생긴 걸까요? 전자가 이동하는 방향과 전류의 방향이 반대로 된 데는 이유가 있습니다. 전자의 전하에 음의 부호를 붙여 이 사달을 낸 범인은 바로 미국의 정치가이자 과학자인 벤저민 프랭클린 Benjamin Franklin(1706~1790)입니다.

## [그림 3-3] 전류의 여러 면모

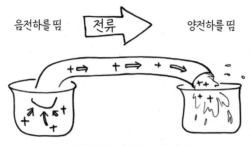

음전하를 띰 　전류 →　 양전하를 띰

양의 전기 유체가 흐르면, 전류.

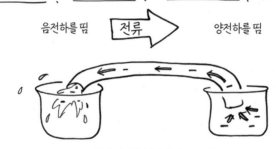

음전하를 띰 　전류 →　 양전하를 띰

음의 전기 유체가 흘러도, 전류.

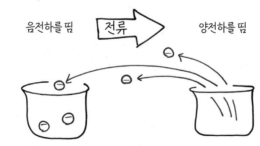

음전하를 띰 　전류 →　 양전하를 띰

전하를 가진 물체가 이동해도, 마찬가지로 전류.

## 프랭클린의 연날리기 실험

프랭클린은 미국 독립의 주역으로 역사 교과서에 실린 인물입니다. 미국 독립 전쟁(1775~1783) 시기에는 프랑스의 귀족과 지식인 들을 설득해서 대미 지원을 얻어 냈습니다. 이때 프랭클린이 정치가일 뿐 아니라 저명한 과학자였던 것이 그의 말에 설득력을 더했습니다. 그는 전기 연구로 세계(주로 북미와 유럽)에 잘 알려져 있었습니다.

18세기 당시 전자기학(아직은 단순 전기학에 가까운)의 연구 대상은 정전기나 전기 스파크, 방전 등이었습니다. 여러분은 아마 초보 학습자용 전기 실험 얘기를 들으면 우선 꼬마전구에 불이 켜지게 하는 실험이나 자석으로 클립을 끌어당겨 모으는 놀이 등을 떠올릴 겁니다. 그런데 이 시대에는 그런 실험들이 불가능했습니다. 왜냐면 아직 건전지, 즉 화학 전지가 없어서 연속적으로 흐르는 안정된 전류를 손에 넣지 못했기 때문입니다. 건전지, 꼬마전구, 자석과 같이 지금 우리 눈에는 아이들 장난감처럼 보이는 재료들도 18세기에는 꿈의 기술이었습니다. 그 시대 과학자들에게 이것들을 보여 주면 모두가 눈을 빛내며 가지고 싶어 할 겁니다.

프랭클린은 마찰 전기를 발생시키는 기계 등을 이용해서 스파크를 타닥타닥 일으키며 전기를 연구했습니다. 그러던 중에

번개도 일종의 스파크, 즉 전기 불꽃이 아닐까 하는 (옳은) 생각에 다다릅니다. 구름에 쌓인 전기가 번쩍 스파크를 날려서 지면으로 흐르는 것이 번개의 정체라는 가설이었지요.

그는 이 가설을 확인하려고 번개가 치는 날을 기다렸다가 금속봉(철사)을 붙인 연을 하늘 높이 날렸습니다. 연줄에는 금속 열쇠를 매달았습니다. 번개가 정말 대규모 전기 불꽃이고 구름에 전기가 쌓인 것이 맞다면, 금속봉을 통해서 전기가 열쇠까지 내려올 것이 분명했습니다.

**[그림 3-4] 프랭클린의 연날리기 실험**

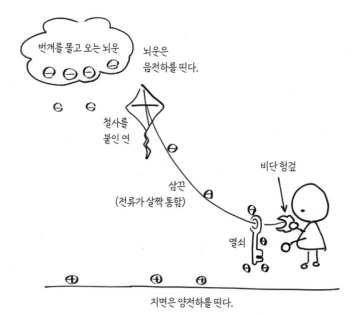

프랭클린이 지면 가까이에 걸린 열쇠에 손가락을 살짝 대 보니 손가락을 저릿하게 하는 스파크가 튀었습니다. 이로써 그의 생각이 옳았음이 증명되었습니다. 프랭클린은 번개에서 전하를 끌어들여 라이덴병Leyden jar이라는 장치에 모으는 데 성공했습니다. 이 실험은 '프랭클린의 연날리기 실험'으로 유명해졌습니다. 그 덕분에 전 세계가 1752년 6월 15일 필라델피아의 날씨를 기억하고 있습니다.

하지만 이것은 매우 위험한 실험입니다. 이 실험을 따라 해 보려다가 감전되어 사망한 사례도 있습니다. 절대 따라 하지 마세요.

참고로 프랭클린이 번개의 전하를 모을 때 사용한 라이덴병은 유리병 모양을 한 일종의 축전기로, 네덜란드의 도시 라이덴에서 비롯된 이름입니다. 라이덴 출신 과학자가 발명해서 이런 이름이 붙었습니다.

## 교회를 지킨 프랭클린의 발명품

이 경험을 토대로 프랭클린은 낙뢰 피해를 막아 주는 '피뢰침'이라는 장치를 고안했습니다. 지붕 위에 금속봉을 부착하고 도선으로 지면과 이어 주는 단순한 구조입니다. 번개가 치면 피뢰침으로 인도되어 건물의 피해를 막을 수 있지요.

3장. 기본전하량 *e*로 이해하는

이 발명품은 아주 효과적이었습니다. 당시에는 번개와 같은 자연재해를 막을 수단이 없었고, 그에 따른 화재로 빈번히 인명과 재산 피해가 발생했습니다. 특히 서양에는 교회를 비롯해 높은 건축물이 많아서 낙뢰 피해가 심각했습니다. 그러다가 피뢰침을 설치하자 문제가 단숨에 해결되었습니다. 피뢰침은 20~30년 사이에 서양 전체에 퍼져서 사람들을 낙뢰 피해로부터 지켜 주었습니다. 재밌게도 피뢰침은 패션으로도 유행했습니다. 피뢰침을 부착한 모자나 우산이 불티나게 팔려 나갔다고 합니다. 얼마나 효과가 있었는지는 알 수 없지만요.

그러나 인류를 구하는 첨단 기술이라 해도 언제나 모든 이의 환영을 받지는 않게 마련입니다. 현대에도 백신을 두려워하는 사람들이 있는 것처럼, 당시에도 피뢰침이 '낙뢰를 부른다'는 이유로 반대하는 사람들이 있었습니다. 그래서 자기 집에 피뢰침을 달려는 사람과 그것을 반대하는 이웃 사이에 재판이 벌어지기도 했다고 합니다.

어쨌거나 과학은 그때까지 인간의 힘이 미치지 못하는 자연의 위협이었던 번개의 정체를 밝혀냈고, 번개는 과학의 힘에 지배당했습니다.

한편, 그 무렵 프랑스에서는 혁명 전야의 분위기가 감돌고 있었습니다. 이성적 사고를 존중하고 인습적인 권위를 타도하라는 분위기가 팽배했던 당시 프랑스 사람들이 실질적인 성과를 낸 과학자이자 자국의 독립을 위해 발 벗고 뛰는 정치인인 프랭클린을 환영했던 것도 당연한 일이었지요.

## 미래 세대의 물리 혐오를 키운 무시무시한 정의

설명의 순서가 바뀌었으나, 전기 현상을 연구한 프랭클린이 세운 또 다른 성과 하나가 바로 양전기와 음전기를 제창한 것입니다.

고대부터 계속된 전기의 정체에 관한 고찰은 프랭클린의 시대에 이르러 전기가 어떤 유체(액체와 기체)를 통해서 물체에서 물체로 흐르거나 이동한다는 발상에까지 다다랐습니다. 전기의 진짜 모습에 훌쩍 다가선 셈입니다.

프랭클린은 전기 유체에는 양(+)과 음(-), 이렇게 두 종류가 있다고 (옳게) 생각했습니다. 보통 상태의 물질은 이 두 종류를 같은 개수 만큼씩 가지고 있어서 중성입니다. 전기적인 성질이 나타나지 않는다는 뜻이죠. 그러나 서로 다른 물질을(예를 들면 고양이 털에 호박을) 맞대고 문지르면 한쪽에 있던 양전기가 다른 한쪽으로 이동합니다. 양전기가 새로 옮아간 쪽은 양전기를 띠게 되고, 양전기가 떠난 쪽은 음전기를 띠게 된다는 것이 프랭클린의 생각이었습니다.

이것은 전기 현상을 깔끔하게 설명할 수 있는 옳은 가설이었습니다. 여기까지는 좋았습니다. 그런데 그다음에 프랭클린이 터무니없는 제안을 합니다. 훗날의 역사에 심각한 영향을 남길, 돌이킬 수 없는 사안이었습니다.

프랭클린은 호박과 고양이 털을 문지르면 '호박에서 고양이 털로 양전기가 옮아가므로, 고양이가 양전기를 띤다'고 정의했습니다. 이 정의는 고양이 쓰다듬기를 즐기는 사람들에게만 영향을 미친 것이 아니었습니다. 고양이와 호박이 만드는 정전기의 부호(양과 음)를 정의하자, 거기에 맞추어 전 세계의 온갖 전기 현상들의 부호가 정해졌습니다.

예를 들어 비단과 까마귀가 만드는 정전기의 부호를 알고 싶다면, 마찰 전기로 타닥타닥 스파크를 날리는 비단과 까마귀에 먼저 준비해 놓은(즉, 먼저 맞대고 문질러 놓은) 고양이와 호박을 가까이 대 보면 된다는 말이었죠. 그렇게 해서 만약 까마귀에 감돌던 전기가 고양이에 감돌던 전기와는 반발하고 호박과 서로 끌어당긴다면, 까마귀는 고양이와 마찬가지로 양전기를 가진 것으로 이해하면 된다는 식이었습니다. 같은 논리에 따라서 비단은 자연히 음전기를 가지는 것으로 정해집니다. (당시에는 털가죽 등의 시료를 문지르는 정전기 발생 장치가 있어서 실험할 때마다 고양이를 데려올 필요는 없었다고 합니다.)

호박과 고양이 둘 중 어느 쪽을 양의 부호로 정의하든, 전자기학의 법칙은 그 정의를 바탕으로 모순 없이 짜맞출 수 있습니다. 그런 의미에서는 둘 중 어느 쪽을 양의 부호로 정의하더라도 지장이 없습니다. 지장이 없으니 프랭클린의 정의를 과학적인 오류라고까지 말할 수는 없겠지요.

그러나 프랭클린의 생각과 달리 호박과 고양이 털을 문질러서 마찰 전기를 일으켰을 때, 실제로는 고양이에서 호박으로 전자가 옮아가 있었습니다. 이 사실을 당시에는 알 도리가 없었지요. 만약 프랭클린이 '양전기가 고양이 털에서 호박으로 이동한다'고 정의했다면 전자가 바로 양전기의 주인공이 되었을 테고, 따라서 양전기의 이동과 전자의 이동은 일치했을 겁니다. 그리고 후세에 벌어진 무시무시한 혼란 역시 생기지 않았겠지요.

애통하게도 이 사실은 그로부터 150년 후, 전자가 발견될 때까지 아무도 몰랐습니다. 뒤늦게 발견된 전자는, 아아, 어찌 된 일일까요, 아무리 따져 보아도 음전하를 띠고 있었습니다. 그러나 이미 늦었습니다. 그 150년 동안에 전자기학은 완성되었고, 프랭클린의 정의를 그대로 따른 전자기학 교과서는 벌써 전 세계에 퍼진 지 오래였습니다. 물론 이제 와서 정정하기도 힘듭니다.

이러한 연유로 오늘날 학교에서는 '전류는 양극에서 음극으로 흐르되, 전자는 음극에서 양극으로 이동한다'는 가르침을 통해 어린 학생들을 당황케 하며 인류의 물리학 습득을 방해

## [그림 3-5] 프랭클린의 무시무시한 정의

양전기가 이동한다.

프랭클린은 양전기가 호박에서 고양이 털로 이동한다고 정의했다.

전자가 이동한다.

그러나 실제로는 전자가 고양이 털에서 호박으로 이동한다.

하고 있습니다. (개인적으로는 바로 이 전기의 부호 정의가 과학 기술 발전을 저해하는 가장 나쁜 3대 정의 중 하나라고 생각합니다. 나머지 둘은 타이핑 효율을 떨어뜨리는 쿼티QWERTY 자판과 무서울 정도로 무질서한 영어의 스펠링 구조입니다.)

## 과학자들의 새로운 장난감 '전류' 등장

전자가 발견되어 프랭클린이 걸었던 무시무시한 도박의 자초지종이 밝혀지려면 아직 전자기학이 조금 더 발전해야 했습니다. 1800년에는 화학 전지가 발명되었습니다. 이것은 금속 등의 화학 반응을 이용해서 전류를 만드는 시스템으로, 현재 전지 혹은 배터리라고 불리는 제품들이 대부분 이 화학 전지의 자손들입니다. (단, 태양 전지는 아닙니다.)

전지를 발명한 덕분에 몇 분에서 몇 시간씩 유지되는 큰 전류를 만들어 낼 수 있게 되자, 과학자들이 사랑하는 장난감은 정전기에서 전류로 바뀌었습니다. 정전기static electricity는 '고정된 전기'라는 뜻인데, 전류가 전기 연구의 주인공으로 등극함에 따라 왕좌에서 내려와야 했던 기존의 전기 현상, 즉 '물체에 머무르며 흐르지 않는 전기'를 흐르는 전기인 전류와 구별하여 부르는 이름입니다. (이것 역시 '일반 전화'나 '특수 상대성 이론'과 같은 레트로님의 일종이었을까요?)

전지의 발명과 함께 다양한 전류 실험이 이루어지면서 전자기학은 비약적으로 발전했습니다. 고대 그리스 시대부터 사람들은 호박으로 고양이 털을 역방향으로 쓰다듬는 놀이(전기 현상)와 자석으로 쇳가루를 모으는 놀이(자기 현상)에는 뭔가 비슷한 점이 있다고 생각해 왔습니다. 그러나 생각만 했지 그 이상의 발전은 없이 수천 년이 흘렀습니다. 수천 년 동안에 먼지를 끌어당기는 호박과 쇳조각을 끌어당기는 자석은 책상 위에 굴러다니는 심심풀이용 장난감에 지나지 않았습니다. 둘 사이에서 별다른 관련성도 발견되지 않았고요. 여기에 전류라는 새로운 장난감이 더해지자 비로소 이 둘의 관련성이 발견되었습니다.

## 전기와 자기 현상을 연결한 밀레니엄급 대발견

1820년, 도선에 전류가 흐르게 하면 (약한) 자석이 되는 사실이 보고되었습니다. 마침내 전기 현상과 자기 현상의 관련성이 발견된 것입니다. 이는 세기의 대발견, 아니, 밀레니엄급 대발견이었습니다. 수천 년 동안 지명 수배 중이던 범인이 옆에 지나가는 걸 붙잡은 것이나 다를 바 없는 사건이었습니다.

그렇게 전기와 자기 현상의 관계가 샅샅이 조사되면서 반세기 만에 맥스웰 방정식Maxwell's equations이라는 전자기학의 기초 방정식이 완성되었습니다. 이것도 인류가 전류를 손에 넣은 덕분입니다.

현대와 같이 전기가 중요한 사회에서 전자기학이 얼마나 도움이 되는지는 새삼스레 설명을 꺼낼 필요도 없겠지요? 만약 전자기학을 잃는다면 현대 문명은 즉사할 겁니다. 19세기에 전기와 자기 현상의 관계가 발견된 덕분에 오늘날 우리가 이렇게 발달한 기술 문명을 누리고 있으니까요. 전기와 자기 현상의 관계가 얼마나 중요한지, 아주 기본적인 예를 통해 살펴봅시다.

전류가 만드는 자석은 그 자체로서는 대단히 힘이 약합니다. 방 안에서 똬리를 틀고 있는 케이블류가 자석이 되어 있다는 사실을 우리는 평소에 알아차리지도 못합니다. 하지만 도선을 빙빙 감아 코일을 만들고 그 중심에 철심을 넣으면 전자석 electromagnet이라는 강한 자석이 만들어집니다. 이 전자석을 이용해서 물체를 움직이는 장치가 바로 모터입니다.

모터가 사용되는 제품은 에어컨, 에스컬레이터, 엘리베이터, 공작 기계, 건설 기계, 자동차, 세탁기, 청소기, 드론, 지하철, 하드디스크 드라이브, 프린터, 펌프, 냉장고 등등 일일이 다 열거할 수도 없을 정도입니다. 전류가 만드는 자석은 매일 우리를 태우고 이동하거나, 우리 대신에 힘을 써서 일하거나, 식품을 데우고 얼리고, 우리를 따뜻하게도 시원하게도 해 줍니다.

이와 반대로 모터는 힘에서 전류를 만들어 내는 일에도 사용할 수 있습니다. 모터의 회전축에 힘을 주어 돌리면 도선에 전류가 발생하기 때문이죠. 이렇게 반대 방식으로 돌리는 모터를 발전기generator라고 합니다. 발전기는 연료를 태워서 끓인 물에서 발생한 증기의 힘이나 풍력 또는 수력 등으로 회전축을 돌리고, 그 힘으로 전류를 발생시키는 장치입니다.

이렇게 발생한 전류가 도선을 타고 각지로 흘러가서, 크고 작은 무수히 많은 모터를 회전시키면서 밤낮으로 현대 문명을 움직이고 있습니다.

## 전자의 발견과 미시 세계의 물리 법칙

19세기가 저물어 가던 1897년, 전자라는 알갱이가 발견되면서 이전까지 유체로 여겨온 전기가 사실은 미세한 입자로 이루어졌다는 사실이 밝혀졌습니다.

이 시기에 세상 만물을 구성하는 미세한 입자들이 차례차례 발견되면서 미시 세계micro-world*의 존재가 밝혀지기 시작했습니다. 서서히 모습을 드러낸 미시 세계는 인류가 알던 물리학에 대변혁을 불러왔습니다. 그전까지 당연한 것처럼 여겨졌던

---

* 전자나 원자처럼 눈에 보이지 않는 작은 입자들의 물리 세계.

거시 세계macro-world*의 상식이 미시 세계에서는 전혀 통하지 않았기 때문입니다.

예컨대 전자를 발견한 이후 조금 시간이 흐른 1905년 기적의 해에 아인슈타인이 '빛의 정체는 광양자(광자)라는 알갱이다'라는 내용의 가설을 발표했습니다. 이것은 빛이 전자기파, 즉 파동이라고 여겼던 기존의 학설에 대립하는 가설이었습니다. 아인슈타인의 괴상한 주장에 사람들은 머리를 싸맸죠.

이어서 1911년에는 원자의 중심에 양전하를 띤 원자핵이 있다는 사실도 밝혀졌습니다. 이것은 원자가 [그림 3-2]와 같은 구조를 가졌다는 이야기입니다. 이 시점에서 연구자들은 또다시 머리를 쥐어뜯었습니다. 그때까지 알던 상식으로는 이와 같은 구조가 말이 안 되는 일이었기 때문입니다.

전자기학의 가르침에 따르면, 전자가 이렇게 원자핵 주위를 빙빙 돌게 되면 전자파를 뿜어내고 이내 에너지를 잃어서 중심에 있는 원자핵으로 낙하할 게 분명했습니다. 그러면 원자는 부서질 테고, 원자가 부서지면 원자로 이루어진 온갖 물질도 부서질 겁니다. 즉, 사람도 사물도 지구도 모두 눈 깜짝할 사이에 붕괴해서 우주에는 부서진 원자로 이루어진 먼지 같은 것들만 남게 되겠지요.

---

* 뉴턴역학이 적용되는 일상적인 물리 세계로, 미시 세계와 대비되는 개념.

3장. 기본전하량 $e$로 이해하는

그런데 그렇게 되지 않고 원자가 여전히 존재하며, 사람도 사물도 지구도 평소와 같이 유지되고 있는 것은 종래의 전자기학으로는 설명할 수 없는 어떤 새로운 물리 법칙이 작용하고 있기 때문임이 틀림없습니다. 바로 그런, 전자나 원자나 원자핵과 같은 미시적인 물체를 지배하는 새로운 물리 법칙의 체계를 양자역학quantum mechanics이라고 합니다.

양자역학은 어떠한 체계일까요? 어떤 원리에 토대를 둔 이론일까요? 이에 관해서는 4장에서 주로 이야기하겠지만, 여기서 살짝 맛보기로 소개하자면, 전자와 광자photon와 원자핵 같은 미시적인 알갱이들은 입자이면서 파동의 성질을 함께 가집니다. 이렇게 생각하면 전자가 원자핵을 향해 낙하하지 않는 현상도 설명할 수 있게 됩니다. 전자가 파동이면 어째서 낙하하지 않느냐 하는 문제를 세상 모두가 이해할 수 있게 설명하기는 어렵습니다만, 파동 중에는 기타 줄이나 줄넘기 줄의 진동처럼 위치를 바꾸지 않고 한 자리에서 계속 진동할 수 있는 것들도 있기 때문입니다.

이처럼 전자와 원자, 원자핵과 같은 미시적인 입자들이 파동의 성질도 함께 가지는 사실이 밝혀지자 이를 다루기 위한 수학 규칙이 연구되고, 또 밝혀졌습니다. 1925~1926년의 일이었습니다.

이렇게 밝혀진 규칙인 양자역학은 그전까지의 물리학과 동

떨어져 있어서 사람들은 당혹감을 감추지 못했습니다. 사실 그 당혹감은 지금도 사라지지 않고 있는데, 그럼에도 양자역학은 미시 세계를 알아내는 데 더없이 강력한 도구였습니다. 양자역학을 활용하면 미시적인 물체의 행동과 성질 등을 정확하게 파악할 수 있기 때문입니다.

양자역학은 대체 왜 이렇게 비상식적이고 이상한 규칙을 적용해야만 하는지 쉽게 이해할 수는 없지만, 이것이 옳은 이론이라는 점은 의심의 여지가 없습니다. 양자역학을 활용하면 편리하고 도움이 되는 제품을 만들어 낼 수 있을뿐더러, 놀랍도록 딱 들어맞게 미시 세계를 예측할 수도 있기 때문이죠. 예컨대 양전자positron는 양자역학이 예언한 대로 발견된 입자, 아니, 반입자antiparticle입니다.

## 천재 중의 천재 폴 디랙의 예언

양자역학을 건설한 사람 중에 누구 하나 천재가 아닌 사람이 없지만, 그중에서도 폴 디랙Paul A.M. Dirac(1902~1984)의 발상은 더욱 두드러졌습니다.

디랙은 특수 상대성 이론과 양자역학을 통합해 '상대론적 양자역학'을 고안하고, 양전자의 존재를 예언했으며, 전자기장이나 음파 등에 양자역학을 적용하기 위한 '2차 양자화'라는 방식을 개발했고, 정통적인 수학으로는 다룰 수 없는 델타 함수Dirac delta function(디랙 델타 함수)를 물리학자들 사이에 유행시켜서 수학자들의 골치를 썩였습니다.

새로운 기호나 표기법도 잘 고안해서, 양자역학 계산을 간결하게 나타낼 수 있는 디랙 표기법Dirac notation(또는 괄호 표기법)이나 플랑크상수 $h$에 가로획을 붙인 '$\hbar$'라는 기호를 발명했습니다. $\hbar$는 플랑크상수 $h$를 $2\pi$로 나눈 값으로, 이름은 디랙 상수Dirac's constant이고, 독일어로 읽어서 '하바h-bar'라고 합니다. (영어로 읽어서 '에이치바'라고 부르는 경우도 많습니다.)

또 디랙 상수와 이름만 많이 닮은 '디랙 수'는 우주의 크기를 원자핵의 크기로 나눈 값으로, $10^{42}$이라는 터무니없이 큰 값입니다. 이 수는 양성자와 전자 사이에서 작용하는 전기력과 중력의 비와도 일치하는데, 디랙의 주장에 따르면 이 둘이 관련이 있어서 일치하는 것이라고 합니다. 하지만 너무 천재적인 이 주장은 아직 증명되지 못했습니다.

아직 검증(또는 반증)되지 못한 디랙의 예언은 또 있습니다. 자석에는 N극과 S극이 함께 있습니다. 그런데 디랙에 따르면 N극만, 또는 S극만 가지는 자기 홀극magnetic monopole이 있을지도 모른다고 합니다.

디랙의 예언 이후로 자기 홀극을 발견하려는 시도가 계속되고 있습니다. 어떤 이는 우주에서 날아오는 입자들 가운데 자기 홀극이 한두 개 섞여 있지 않은지 찾고 있으며, 또 어떤 이는 거대한 입자 가속기 안에서 자기 홀극을 합성하는 실험을 하고 있습니다. 우주 공간에 존재하는 자기장을 관측해서 그곳에 존재할지도 모를 자기 홀극의 양을 어림해 보는 연구도 있습니다. 하지만 현재까지는 자기 홀극이 전혀 확인되지 않았습니다. 그러나 자기 홀극이 존재하지 않는다는 증명 역시 이루어지지 않았으니 디랙이 예언한 입자를 찾으려는 시도는 앞으로도 계속될 것입니다.

## 참신한 디랙 방정식에서 도출된 '양전자'

이야기를 다시 양자역학의 탄생으로 되돌려 봅시다. 디랙은 1928년에 양자역학과 특수 상대성 이론을 통합하는 데 성공했습니다. 파동 방정식wave equation이라는 양자역학의 중요한 방정식을 특수 상대성 이론을 만족시킬 수 있도록 다시 작성해서 디랙 방정식Dirac equation을 끌어냈습니다. 디랙의 이름이 붙은 물리학 용어가 또 하나 늘었군요.

디랙 방정식은 아름다우면서도 참신한 방정식이었습니다. 방정식이 아름답다는 게 말이 되냐고 생각하는 사람도 있을지 모르지만, 방정식이나 수식에서 아름다움을 보는 사람이 일부 있기도 합니다. 그리고 그런 사람들이 모이면 느닷없이 "물리

3장. 기본전하량 $e$로 이해하는

학 수식 중에서 가장 아름다운 수식은 무엇이냐" 하는 논쟁을 벌이기도 합니다. 그러면 당연히 다들 본인이 가장 좋아하는 수식을 밀며 양보하지 않으므로 결론이 하나로 모이는 일은 없지만, 그런 논의 때마다 반드시 후보로 오르는 것이 바로 디랙 방정식입니다. (그 밖에도 뉴턴의 운동 방정식, 볼츠만의 엔트로피, 맥스웰 방정식, 아인슈타인의 $E = mc^2$ 등이 단골입니다.)

디랙 방정식은 아름다울 뿐 아니라 물리학에 몇 가지 새로운 개념을 가져다주었습니다. 대표적으로 양전자를 들 수 있지요. 디랙이 전자의 파동 방정식을 상대성 이론에 조합할 수 있게 새로 작성해 보니, 그 안에 일반적인 전자에 더해서 기묘한 '전자'가 포함되어 있었습니다. 그 새로운 '전자'는 전하량이 $-e$가 아닌 $+e$였습니다. 양전하를 띤 '전자'는 그때껏 아무도 본 적도 들은 적도 없는 존재였습니다.

디랙은 처음에 $+e$ 전하를 띤 그 입자를 양성자라고 해석했습니다. 기상천외한 온갖 아이디어를 내곤 했던 디랙조차도 본인이 끌어낸 방정식만을 근거로 아무도 본 적도 들은 적도 없는 양전자가 존재한다는 주장을 펴기는 도저히 힘들었던 모양입니다.

그러나 디랙의 방정식대로라면 그 미지의 입자는 전자와 똑같은 질량을 가져야 했습니다. 양성자의 질량은 전자의 1,800배나 되므로 미지의 입자는 양성자가 아니라는 결론이 나옵니다. 즉, 그 입자는 인류에게 알려지지 않은 진짜 미지의 입자였습니다.

그리고 1932년에 이 미지의 입자가 실제로 존재한다는 사실이 밝혀졌습니다. 우주에서 찾아오는 입자들 가운데 전자와 똑같은 질량을 가지면서도 양전하를 띤 새로운 입자가 발견된 것입니다. 연구자들은 양의 전하를 띤 그 전자에 '양전자'라는 이름을 붙였습니다.

전 세계가 이 대발견에 놀랐습니다. 디랙 방정식의 예언대로 새로운 입자가 발견되었으니까요. 그 말은 곧 상대성 이론과 수학적으로 꼭 들어맞게 만들어진 디랙 방정식이 아름다운 동시에 옳았다는 뜻이었습니다. 방정식으로 미지의 입자를 예언할 수도 있다니, 양자역학은 참으로 강력한 도구가 아닐 수 없습니다.

발견된 양전자는 전자와 부호가 반대인 전하를 띠지만, 그 밖의 성질은 전자와 같았습니다. 이러한 존재를 입자의 반대 전하를 가지는 쌍이라는 뜻에서 '반대입자' 또는 '반입자'라고 부릅니다. 양전자는 세계 최초로 존재가 증명된 반입자입니다. 전자와 양전자 쌍처럼 모든 종류의 입자에 대하여 쌍을 이루는 반입자가 존재합니다. 예를 들면 양성자와 반양성자, 중성자와 반중성자처럼 말이지요. 그러니 양전자는 이 세상에 반입자가 존재함을 알려 주는 증거인 셈입니다.

## 만나면 폭발해 소멸하는 입자와 반입자

우리 주변에는 반입자들이 거의 없습니다. 아쉬울 법도 하지만 알고 보면 반입자가 없어서 다행입니다. 입자와 반입자가 만나면 소멸해 버리거든요. 이 현상을 쌍소멸pair annihilation이라고 합니다.

쌍소멸 때는 광자가 두 개 튀어나오는데, 이 광자들은 소멸한 쌍의 질량을 모두 에너지로 바꾸어 흡수하므로 극히 에너지가 높으며, (방사선의 하나인) 감마선γ-ray으로 분류됩니다.

질량이 에너지로 변할 때는 1장에서 소개했던 질량과 에너

[그림 3-6] 쌍소멸

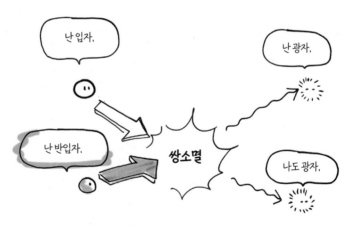

입자와 반입자가 만나면 소멸하고 광자가 생겨난다.

지의 관계식 $E = mc^2$이 활약합니다. $E$에 광자가 가지는 에너지, $m$에 입자 쌍의 질량, $c$에 광속을 대입할 수 있습니다. 이렇게 도출되는 $E$는 어느 정도의 에너지일까요? 만약 어딘가에서 전자와 양전자의 쌍소멸이 일어나면서 광자가 튀어나와 공기 분자에 흡수될 경우, 운이 없는 분자는 수억 ℃의 고열로 가열되어 파괴되면서 전자와 원자핵을 사방팔방으로 흩뿌릴 겁니다. 이처럼 $E = mc^2$의 관계는 어마어마하게 강력합니다. 사정이 이렇다 보니 쌍소멸을 '입자와 반입자가 만나면 폭발한다'는 표현으로 설명하기도 합니다.

양전자와 반양성자처럼 반입자로 생성되는 물질을 반물질이라고 합니다. 반물질은 극소량이라도 물질과 만나면 대폭발이 일어납니다. 1g만 있어도 200조 J, 그러니까 마을 하나는 날릴 수 있을 만큼의 열에너지가 발생합니다. 아주 무시무시하지요.

## 우주 어딘가에 반물질로 만들어진 천체가 있을까?

반입자의 하나인 반양성자는 음전하를 가집니다. 이것은 양전하를 가진 양전자를 끌어당기므로 반양성자와 양전자가 달라붙어서 반원자antiatom가 만들어지기도 합니다. 보통의 양성자와 전자가 하나씩 달라붙은 원자가 수소 원자이므로, 반양성자와 양전자로 이루어진 원자는 '반수소' 원자라고 부를 수 있겠지요.

반수소 원자는 우리가 익히 아는 수소 원자와 성질을 꼭 빼닮았습니다. 두 개가 모이면 반수소 분자를 만드는데, 반공기 antiair보다도 가벼운 반수소 기체는 반산소와 화학 결합을 해서 힘차게 타올라 반물antiwater이 됩니다. 이렇듯 반수소와 수소는 외형이나 행동만으로는 구별할 수가 없습니다.

(조금 더 들어가자면, 광자와 쌍을 이루는 '반광자'는 존재하지 않습니다. 광자와 반광자는 같다고 할 수 있는데, 반광자가 없으므로 반입자나 반원자도 광자와 반응할 때 똑같이 광자를 방출합니다. 그래서 빛반응만 관찰해서 그것이 입자인지 반입자인지를 판별하기는 어렵습니다.)

그렇다면 반수소 원자나 반산소 원자 혹은 반탄소 원자로 이루어진 반물질 천체가 우주 어딘가에 있지는 않을까요? 혹시 밤하늘에 빛나는 항성들 가운데 반항성이 한두 개 섞여 있을 가능성은 없을까요? 그 반항성 주변에 반행성이 있고, 거기에 반생명체가 살고 있다거나 하는 일은 없을까요? 혹시라도 안드로메다은하가 반물질로 이루어진 반은하일 가능성은 없을까요?

이와 같은 상상은 즐겁지만, 아쉽게도 반천체나 반은하는 우리와 가까운 우주 공간에는 존재하지 않는 것으로 보입니다. 반천체는 주위의 통상적인 물질과 쌍소멸해서 감마선을 방사할 것이므로, 그 감마선을 검출해 낸다면 반천체를 발견할 수 있습니다. 그러나 오랜 세월 우주에서 날아오는 감마선을 관측해 오는 동안, 반천체의 기운은 전혀 발견되지 않았습니다. 이 말은 우리가 관측할 수 있는 범위 안에는, 즉 수백억 광년 안의 범위에는 반물질이 극소량밖에 없는 것으로 추정된다는 뜻이지요.

만약 우주에 반항성이 존재했다면 항성과 충돌하는 우주적 규모의 대폭발을 구경할 수 있었을지도 모릅니다. 아마도 초신성 폭발 이상의 대규모 우주 불꽃놀이를 펼치며 밤하늘을 화려하게 수놓았겠지요. 그런 장관을 못 보는 건 좀 아쉽긴 합니다.

전자와 양전자 이야기에서 잠시 옆길로 나와 블랙홀 얘기도 짧게 해 보겠습니다. 만약 반물질을 대량으로 모아서 꾹꾹 압축한 블랙홀을 만든다면, 이것은 물질로 만든 블랙홀과 똑같은 블랙홀이 됩니다. 블랙홀은 원래 재료들의 '기억'을 가지지 않기 때문이죠. 따라서 반블랙홀anti-blackhole은 존재하지 않습니다. 그러므로 블랙홀과 반블랙홀을 충돌시켜서 쌍소멸을 일으킬 수도 없습니다.

그런데 이 우주에 반물질이 물질보다 적은 이유는 대체 무엇일까요? 이 문제는 뒤에서 다시 살펴보겠습니다.

## 광자 두 개가 충돌해 생겨나는 입자와 반입자

입자와 반입자 쌍이 소멸만 하는 것은 아닙니다. 반대로 에너지가 높은 광자 두 개를 충돌시키면 입자와 반입자 한 쌍이 생겨납니다. 이것을 쌍생성pair production이라고 합니다. 그전까지 아무것도 없었던 곳에 홀연히 입자와 반입자가 출현하는 건 왠지 물리 법칙에 반하는 일이 아닐까, 하는 불안한 마음도 들지만 괜찮습니다. 합법(칙)이니까요.

입자와 반입자 쌍에는 무수히 많은 종류가 있습니다. 전자와 양전자, 양성자와 반양성자, 수소 원자와 반수소 원자…… 얼

**[그림 3-7] 쌍생성**

광자가 쌍생성을 일으키면, 입자와 반입자가 생겨난다.

마든지 열거할 수 있습니다. 그중 가장 쉽게 생성되는 것이 전자와 양전자 쌍입니다. 높은 에너지의 감마선이 무언가에 부딪히면 일정 확률로 이 쌍이 생겨납니다. 그래서 핵반응 실험이나 입자 가속기 실험 등 감마선이 날며 교차하는 곳에서는 양전자가 드물지 않게 발견됩니다.

(크리스토퍼 놀런 감독의 SF 영화 〈테넷Tenet〉에서는 '역행'하는 가공의 물리 현상이 등장합니다. 역행 장치의 작용으로 역행 상태에 빠진 주인공은 시간을 거슬러 올라갑니다. 역행하는 주인공과 '순행' 상태인 주인공은 반입자와 입자 같은 관계여서, 둘이 함께 역행 장치에 들어갔다가 홀연히 소멸하거나 또 장치에서 갑자기 나타나기도 합니다. 짐작건대 놀런 감독이 쌍소멸과 쌍생성을 힌트 삼아 역행을 창작한 것으로 보입니다.)


## 우리는 모르지만 바로 옆에 있는 반입자

반입자는 우리 곁에도 극소량 존재합니다. 반뮤온antimuon으로 불리는 반입자입니다. 뮤온muon(뮤$\mu$ 입자)은 전자와 비슷한 성질을 가진 기본 입자로, 전하량은 $-e$입니다. 반뮤온은 $+e$죠. (기본 입자에 관한 설명은 뒤에서 다시 하겠습니다.)

우주에서 지구로 찾아오는 입자와 반입자, 감마선 등을 우주선cosmic ray이라고 합니다. 우주선이 대기 상층부에서 쌍생성 반응을 일으키면 일정 비율로 뮤온과 반뮤온이 생겨나는데,

3장. 기본전하량 $e$로 이해하는

이게 제법 투과력이 강해서 대기를 관통해 지상까지 내려오곤 합니다. 대체로 지표면 1cm²당 1초에 한 개꼴로 내려옵니다. 바로 이 반뮤온이 우리 가까이에 존재하는 가장 많은 반입자입니다. 지상의 모든 생물체는 뮤온과 반뮤온 샤워를 하며 살고 있습니다. 인간의 경우에는 서 있을 때 1초당 수백 개, 누워 있을 때는 1초당 수천 개의 뮤온과 반뮤온이 몸을 통과해 지나갑니다.

디랙이 완벽한 이론을 바탕으로 예언했던 양전자가 실제로 발견되었고, 나아가 대부분의 입자가 쌍을 이루는 반입자를 가지는 사실도 밝혀졌습니다. 입자와 반입자는 만나서 소멸하기도 하지만, 반대로 에너지를 가진 광자로부터 발생하기도 합니다.

1장에서 질량과 에너지의 관계를 나타내는 식 $E = mc^2$이 등장했는데, 이 식을 통해서 물체에 에너지를 가하면 물체의 질량이 증가하는 것을 알 수 있었습니다. 쌍소멸과 쌍생성에서는 이 식이 더욱 크게 활약합니다. 물질과 반물질의 질량은 광자의 에너지로 변하고, 광자의 에너지에서는 질량이 생겨나는 것을 알 수 있습니다.

이렇게 되면 질량과 에너지의 구별이 모호해지기 시작합니다. 어떤 구체적인 물질이 다음 순간에 에너지로 변해서 흔적도 없이 사라지고, 에너지는 또 형태를 가진 물질로 변한다는 말이니까요. 질량과 에너지는 겉보기에 다를 뿐, 같은 것으로 여겨도 될 듯합니다. 전기라는 수수께끼의 '유체'가 전자라는 '입자'의 이동이란 사실이 밝혀진 지 30년 정도 만에, 물질에 관한 인류의 인식은 싹 바뀌어 버렸습니다.

### 양전자가 적은 이유는?

쌍생성 때는 반드시 입자와 반입자가 쌍으로 생성됩니다. 오로지 입자만, 또는 반입자만 만들 수는 없습니다. 쌍생성을 일으키려고 감마선을 충돌시키든, 입자끼리만 충돌시키든, 입자와 반입자의 다양한 조합을 충돌시키든 상관없이 반드시 같은 양의 입자와 반입자가 만들어집니다. 다시 말해 인류가 실험실에서 벌이는 어떤 실험에서나, 우주에서 일어나는 천연 쌍생성 반응에서나 물질과 반물질은 같은 양이 생성됩니다.

그렇다면 이 우주에 물질만 많고 반물질이 적은 게 더더욱 이상합니다. 우리 몸이나 지구, 태양, 우리은하, 안드로메다은하 등을 구성하는 물질은 과거의 어떤 시점에 우주의 어떤 반응으로 인하여 만들어졌습니다. 그때의 생성 반응에서는 같은 양의 반물질이 생겨나지 않았던 걸까요? 또는 생겨난 반물질이 사라진 거라면, 그때 사라진 반물질은 지금 어디에 있는 걸까요?

우리는 아직 이 문제의 답을 찾지 못했습니다. 현대 물리학이 풀어야 할 미해결 과제죠. 우리 주변에 물질은 많지만 반물질이 적은 이유를 우리는 아직 잘 모릅니다.

## 가설 ① 반물질을 물질로 바꾸는 미지의 반응이 있었다

반물질이 적은 이유를 설명하는 가설 중에 많은 지지를 받는 것은 반물질 일부가 물질로 변했다는 설입니다.

2장에서 이야기했던 것처럼 우리 우주는 138억 년쯤 전에 극도의 고온·고압 상태에서 대폭발을 일으키며 탄생했습니다. 그 후 온도가 내려가면서 물질이 생성되고 계속해서 팽창하는 138억 년의 과정을 거쳐서 지금과 같이 대체로 텅 빈 혹한의 우주가 완성되었다는 것이 흔히 말하는 대폭발설big bang theory 입니다.

우리가 아는 일반적인 물질은 우주 초기의 초고온·초고압 상태에서는 무엇 하나 무사할 수 없습니다. 전부 부서지고 녹고 증발했겠지요. 원자와 원자핵도 뿔뿔이 흩어질 수밖에 없었을 테고, 양성자와 중성자도 갈라져서 낱낱이 분해될 수밖에 없었으며, 우리의 빈약한 입자 가속기 안에서는 정체를 드러낸 적도 없는 미지의 고에너지 입자 무리도 좁은 우주를 가득 채우고 부딪치며 생성과 소멸을 반복했을 겁니다.

이때 어떤 미지의 반응으로 인해서 약간의 반물질이 물질로 변하면서 물질이 미세하게 더 늘어났던 것이라는 설이 있습니다. 초반에는 그 차이가 근소했으나 점차 대부분의 입자와 반입자가 쌍소멸했고, 그 와중에 불안정한 입자가 붕괴해서 안정된 입자로 바뀌어 텅 빈 것에 가까웠던 우주에 소량의 물질이 남겨졌다는 것이 이 가설의 시나리오입니다.

다만 아직은 이 가설의 핵심인 '반물질이 물질로 변하는 반응'이 확인되지 않았습니다. 대칭성symmetry을 깨는 반응이라고 불리는, 조금 근접한 반응이 실험실에서 발견되고 있기는 하지만, 그 반응이 초기 우주에서 반물질을 물질로 바꾸기에는 역부족이었을 것으로 여겨집니다. 이 가설을 증명하려면 실험실에서, 또는 천체 관측을 통해서 반물질을 물질로 바꾸는 효율이 좋은 반응을 발견해야 합니다. 예컨대 양전자가 전자로 바뀌는 반응 같은 것 말이지요.

## 가설 ② 우연히 우주의 이 부근에 물질이 많았다

또 한 가지 인기 있는 가설로는, 이 우주에는 같은 양의 물질과 반물질이 있으나, 우리가 어쩌다 보니 물질이 많은 자리에 살고 있는 것이라는 설이 있습니다. 지금까지의 관측에서 반물질 천체가 발견된 적은 없으므로, 물질의 양이 반물질보다 우세한 지역은 상당히 광범위다고 볼 수 있습니다. 단순한 추측이지만, 우리를 중심으로 1000억 광년 혹은 1조 광년 정도의 범위 안에는 반물질보다 물질이 더 많은 게 아닐까요?

'아니, 잠깐만……' 싶은 독자도 있을지 모르겠습니다. 대폭발설에 의하면 우주의 나이는 138억 년 정도인데, 우주가 고작 138억 년 만에 1조 광년 이상의 크기로 성장하는 일이 가능했을까 싶겠지요. 또 반물질보다 물질이 더 많은 지역이 이렇게 넓은 범위를 차지하는 일이 우연히 일어날 수 있는 걸까요?

이 두 가지 의문은 급팽창 이론inflation theory이 융통성 있게 해결해 줍니다. 급팽창 이론은 빅뱅의 가장 초기에 우주가 급격히 팽창했다는 이론입니다. 빅뱅 자체도 급격한 팽창이지만, 급팽창은 그보다 몇 자릿수는 더 급격한 팽창을 뜻합니다.

현재 관측 가능한 우주의 범위는 반지름 500광년 정도이며, 그 너머에는 원리적으로 관측 불가능한 우주 공간이 펼쳐져 있습니다. 급팽창 이론이 옳다면 그 너머에 펼쳐진 실제 우주의 크기는 우리가 관측 가능한 범위보다 10의 몇십 제곱 배는 될 겁니다. 그리고 그 급격한 팽창 때, 우연히 물질이 반물질보다 조금 많았던 지역도 팽창했을 것이므로 우리가 그 자리에 살고 있는 것도 전혀 이상할 게 없다는 논리지요.

급팽창 이론은 관측 결과와 일치하는 부분이 몇 군데 있어서 옳은 가설일 수 있다고 여겨집니다. 그러나 급팽창 이론의 예측 중에는 우주 어딘가에 급팽창이 영원히 계속되는 곳도 있을 거라는 내용도 있어서, 이론을 전면적으로 신뢰하기에는 좀 망설여지기도 합니다. 이론에 대한 신념을 시험받는 듯한 기분도 듭니다.

급팽창 이론뿐 아니라 우주론 중에는 관측이나 실험을 통해서 실증하거나 반증하기가 매우 어려운 것들이 있습니다. 그래서 어떤 가르침을 받아들일 것이냐 하는 선택의 순간에 과학적 판단보다는 오히려 신념을 따라야 하는 경우가 생기기도 합니다. 우주론에 대한 논의가 신학적 논의를 닮아 가는 이유가 바로 이 때문입니다.

## 기본 입자 가족의 열일곱 구성원

전자에게는 밝혀 두어야 할 중요한 '출신 문제'가 있습니다. 바로 전자가 '기본 입자' 가족에 속한다는 사실입니다. 기본 입자란 (여태껏 설명 없이 언급해 왔으나) 세상의 모든 물질을 이루고 있는, 말 그대로 '기본적인' 입자이므로 더는 분해할 수 없고, 크기가 없는 점상image of point 입자입니다.

원자 알갱이는 전자와 원자핵으로 분해할 수 있으므로 기본 입자가 아닙니다. 원자핵은 양성자와 중성자로 분해할 수 있으며, 양성자와 중성자는 쿼크quark라는 알갱이로 분해할 수 있습니다. 여기까지 쪼개고 나면 쿼크는 이제 더는 분해할 수 없는 기본 입자로 여겨집니다. 즉, 우리에게 친숙한 물체나 우리 몸 등은 계속 분해해 가다 보면 전자와 두 종류의 쿼크라는 기본 입자로 이루어진 것을 알 수 있습니다.

기본 입자에 크기가 없다는 말은 무슨 뜻일까요? 인체에는 크기가 있어서 키를 잴 수 있지요. 키는 머리끝부터 발끝까지의 거리입니다. 이것은 인체를 구성하는 머리라는 부분부터 발끝이라는 부분까지의 거리를 뜻합니다. 마찬가지로 산이나 건물의 높이는 땅에서 산꼭대기 또는 옥상 꼭대기까지의 거리를 말합니다. 이처럼 우리가 물체의 크기를 잴 때는 그 물체를 구성하고 있는 부분과 부분의 거리를 재는 것이죠. 그러나 기본 입자는 부분으로 나눌 수가 없습니다. 내부 구조를 가지지 않는다는 뜻입니다. 따라서 기본 입자는 크기를 측정할 수 없습니다. 이처럼 크기가 없는 것을 '점상'이라고 하는데, 기본 입자가 바로 점상입니다.

원자핵 안의 쿼크들 사이에는 글루온gluon이라는 기본 입자들이 어지럽게 날아다닙니다. 풀이라는 뜻을 가진 단어 글루glue가 주는 이미지처럼, 글루온들이 이리저리 날아다니며 쿼크끼리 달라붙게 해서 원자핵의 형태를 유지해 줍니다. 이 힘을 강력strong force이라고 합니다.

이렇듯 어떤 종류의 기본 입자들은 날아다니면서 다른 입자와 상호작용해 힘을 전달합니다. 빛, 그러니까 광자도 기본 입자이며, 전기력이나 자기력이 생기는 이유가 바로 광자가 날아다니기 때문입니다. 전자나 양성자가 서로 전기력이나 자기력을 미치는 것은 광자가 둘 사이를 날아다니고 있는 것으로 간주할 수 있습니다.

이렇게 힘을 전달하는 입자에는 보손boson이라는 낯선 이름을 가진 기본 입자도 있습니다. 보손은 'W 보손'과 'Z 보손'이 있는데, 이 입자들은 원자핵 안에서 상호작용해 약력weak force이라는 힘을 전달합니다.

한편, 알아차리는 사람은 없지만, 지금 이 순간에도 중성미자neutrino라는 기본 입자가 대량으로 우리 몸을 통과하고 있습니다. 태양에서 온 중성미자만 따져도 $1cm^2$당 1초에 660억 개가 휙휙 지나갑니다. 하지만 중성미자는 전기적으로 중성이며 질량도 가벼워서 아무런 반응도 일으키지 않고 우리 몸을 통과하고, 지면을 빠져나가서 광속에 가까운 속도로 우주 저편을 향해 사라져 버립니다. 중성미자는 오로지 약력을 통해서만 다른 입자와 반응합니다.

이 밖에도 몇 가지 기본 입자가 더 있는데, 현재 기본 입자 가족으로는 총 열일곱 가지가 알려져 있습니다. 전자는 기본 입자 가족 중에서 최초로 발견된 입자입니다.

그런데 기본 입자 중에 안정적인 입자는 절반도 안 됩니다.

불안정한 입자들은 생성 후에 1밀리초도 버티지 못하고 붕괴하거나, 입자 가속기 안에서 검출된 적조차 없어서 정말로 세상을 구성하는 기본 입자 그룹에 넣어도 되나 싶은 것들도 있지요.

## 기본 입자 가족 안의 형제자매들

전자에게는 뮤온, 그리고 뮤온보다 무거운 타우온tauon(타우τ 입자)이라는 자매가 있습니다. 이 셋은 각각 '전자중성미자', '뮤온중성미자', '타우중성미자'와 쌍을 이룹니다. 이 여섯 종의 기본 입자들을 렙톤lepton(경입자)이라고 부릅니다.

업 쿼크up quark(위 쿼크)와 다운 쿼크down quark(아래 쿼크)는 양성자와 중성자의 부품입니다. 그래서 물질의 어떤 부분에는 이 두 종의 쿼크가 우글우글 몰려 있습니다. 쿼크 형제는 업, 다운 외에도 스트레인지 쿼크strange quark(기묘 쿼크), 참 쿼크charm quark(맵시 쿼크), 보텀 쿼크bottom quark(바닥 쿼크), 톱 쿼크top quark(꼭대기 쿼크) 이렇게 네 종류가 더 있습니다. 쿼크는 원자핵의 부품인 바리온baryon(중입자)을 만드는데, 업 쿼크와 다운 쿼크가 만드는 양성자와 중성자만이 안정적이며, 다른 형제들이 만드는 바리온은 모두 불안정합니다. (바리온은 조금 뒤에서 다시 설명하겠습니다.)

정리하자면, 기본 입자 가족은 렙톤 여섯 자매와 쿼크 여섯 형제, 이들 사이에서 상호작용하며 힘을 매개하는 네 종류의 입자('게이지 입자'라고 합니다), 마지막으로 힉스 입자(힉스 보손)* 까지 총 열일곱 가지가 있습니다.

그런데 기본 입자는 이게 전부일까요? 틀림없이 더 존재할 거라는 추측이 우세합니다. 예를 들어 [그림 3-8]에서 힘을 매개하는 입자들을 보면, 이 중에 중력에 대응하는 입자는 없습니다. 그래서 아마도 중력을 매개하는 중력자graviton라는 입자가 있지 않을까 예상하지만, 아직 확인되지 않았습니다. 중력파의 존재조차 2015년에 처음 확인되었으니, 그 입자 버전인 중력자를 확인하는 건 훨씬 미래의 일일지도 모릅니다.

또 2장에서 이야기했던 것처럼 우주에는 정체를 알 수 없는 암흑 물질이 대량으로 존재한다고 알려져 있습니다. 얼마나 대량이냐 하면 보통 물질의 5배 정도입니다. 하지만 그 존재가 처음 보고된 이후로 암흑 물질의 정체에 관해서는 온갖 상상

---

\* 이론에 의하면 기본 입자들은 질량이 없고 '게이지 대칭성'이라는 특성이 유지되어야 한다. 그러나 실제 밝혀진 기본 입자들은 각각 다른 질량을 가지고 있다. 이런 모순에 대하여 영국의 물리학자 피터 힉스Peter Higgs(1929~2024)가 게이지 입자에 질량이 부여되는 과정을 제안했는데, 이를 '힉스 메커니즘'이라고 한다. 힉스 메커니즘이 일어날 때는 전기적으로 중성이면서 '스핀'이라는 물리량도 0인 입자가 반드시 나타난다. 이 입자가 바로 힉스 입자Higgs boson다. 힉스 입자와 강하게 상호작용하는 입자들은 큰 질량을 얻고, 약하게 상호작용하는 입자들은 작은 질량을 얻는다. 입자에 질량을 부여한다고 해서 '신의 입자'로 불린 힉스 입자는 힉스 메커니즘에서 생성되었다가 사라진다.

## [그림 3-8] 기본 입자와 전하량

쿼크 / 렙톤

**1세대**
d(다운 쿼크), $-\frac{1}{3}e$　u(업 쿼크), $+\frac{2}{3}e$　$\nu_e$(전자중성미자), 0　e(전자), $-e$

**2세대**
s(스트레인지 쿼크), $-\frac{1}{3}e$　c(참 쿼크), $+\frac{2}{3}e$　$\nu_\mu$(뮤온중성미자), 0　$\mu$(뮤온), $-e$

**3세대**
b(보텀 쿼크), $-\frac{1}{3}e$　t(톱 쿼크), $+\frac{2}{3}e$　$\nu_\tau$(타우중성미자), 0　$\tau$(타우온), $-e$

**힘을 매개하는 입자**
$\gamma$(광자), 0　g(글루온), 0　$W^{\pm}$(W 보손), $\pm e$　Z(Z 보손), 0
※ 매개하는 힘: 전자기력　강력　약력　약력

**힉스 입자**
H(힉스 보손), 0

의 이야기만 만들어졌을 뿐, 여전히 밝혀진 것이 없습니다. 암흑 물질의 정체에 관해 제안된 가설 중에 우리가 기존에 알고 있던 물질로 이루어졌다는 아이디어들은 전부 틀린 것으로 밝혀져서, 현재는 미지의 입자라는 설이 가장 유력합니다.

어느 날 입자 검출기에 암흑 물질 입자가 뛰어들어서 그 정체가 밝혀지는 날이 오면 [그림 3-8]에도 새로운 구성원이 추가될 것입니다.

## 쿼크의 전하값이 깔끔한 정수배가 아닌 이유

지금까지 여러 번 언급한 바와 같이 전자의 전하량은 $-e$입니다. 전자의 자매인 뮤온과 타우온의 전하량도 $-e$입니다. 한편, 양성자의 전하량은 $+e$입니다. 그렇다면 기본 입자들의 전하량이나 기본 입자들이 모여서 만들어진 물질의 전하량은 $+e$ 아니면 $-e$의 정수배로 깔끔하게 나타낼 수 있을 것 같은 기분이 듭니다. 전자를 처음 발견했을 때부터 20세기 전반쯤까지는 이를 의심하는 사람이 거의 없었습니다.

그러나 [그림 3-8]을 다시 살펴보면 쿼크 형제들의 전하량에 예상치 못한 이상한 일이 벌어져 있습니다. 업 쿼크의 전하량은 $+\frac{2}{3}e$, 다운 쿼크는 $-\frac{1}{3}e$로, 깔끔한 정수가 아닙니다. 도대체 무슨 일이 벌어진 걸까요?

양성자는 업 쿼크 두 개와 다운 쿼크 한 개, 이렇게 총 세 개의 쿼크로 이루어집니다. 전하량의 합을 계산해 볼까요?

$$+\frac{2}{3}e + \frac{2}{3}e - \frac{1}{3}e = +e$$

분명히 양성자의 전하량이 나오는군요.

한편, 중성자는 업 쿼크 한 개와 다운 쿼크 두 개로 이루어집니다. 이번에도 전하량을 계산해 봅시다.

$$+\frac{2}{3}e - \frac{1}{3}e - \frac{1}{3}e = 0$$

중성자가 전하를 띠지 않는 것을 설명할 수 있네요.

요컨대 [그림 3-8]에 보이는 수치만 보면 쿼크를 조합했을 때 복잡한 값이 나올 것 같지만, 실제로는 양성자와 중성자의 전하를 깔끔하게 설명할 수 있습니다.

그러면 쿼크가 모여서 이루어진 또 다른 입자 중에 전하량이 깔끔한 정수배가 아닌 입자는 없을까요? 이 대목에서 자연의 친절함에 다시금 감탄하게 됩니다. 쿼크는 입자를 만들 때 반드시 세 개씩 세트를 이룹니다. 쿼크 세 개로 이루어진 입자가 앞에서 잠깐 이야기한 바리온인데, 양성자나 중성자 또는 다른 바리온에서 쿼크를 딱 하나만 끄집어내는 일은 불가능합니다. 그래서 쿼크가 만드는 입자의 전하량은 항상 $e$의 정수배가 됩니다. 애초에 전하량이 $e$의 정수배가 아닌 입자는 만들 수도 없게 설계된 것이죠.

이렇게 따져 보면 양성자의 전하량과 전자의 전하량은 생성 단계부터 전혀 다른 내력을 가진 것을 알 수 있습니다. 양성자의 전하량은 쿼크 세 개가 가진 전하량의 합이며, 각 쿼크의 전하량은 전자의 전하량과 일치하지 않습니다.

그런데도 양성자의 전하량과 전자의 전하량은 절댓값이 완벽히 일치하고, 그래서 같은 개수의 양성자와 전자를 가지는 원자는 전기적으로 중성이 됩니다. 만약 원자의 전하량이 0이 아니었다면 분자의 구조는 지금과는 전혀 달랐을 테고, 천체의 구조는 중력이 아닌 전기력으로 결정되었을 겁니다.

이처럼 생성 내력이 다른데도 양성자의 전하량은 $+e$이고 전자의 전하량은 $-e$인 이유는 제대로 밝혀지지 않았습니다. 하지만 무슨 까닭에서인지 우주는 이렇게 이루어져 있습니다.

## 인류가 아직 모르는 입자까지 알고 있는 진공

앞에서 이야기했듯 에너지가 큰 광자를 충돌시키면 전자와 양전자가 생기는 쌍생성이 일어납니다. 에너지가 더욱 커지면 뮤온과 타우온, 쿼크 등 다른 입자의 쌍도 발생합니다. 쌍생성 반응을 일으키는 것은 광자만이 아닙니다. 다른 입자도 매우 높은 에너지로 충돌시키면 다양한 입자와 반입자의 쌍을 만들어 낼 수 있습니다. 즉, 특정 방법으로 공간의 한 점에 에너지를 힘껏 주입하면 거기서 입자와 반입자 쌍이 생성된다고 말할 수 있습니다. 진공에서 입자의 쌍이 생성된다고도 말할 수 있지요.

여기서 주목할 부분은 누가 언제 어디에서 전자와 양전자 쌍을 생성하더라도 매번 똑같은 성질을 가진 똑같은 전자가 생겨난다는 점입니다. 전하량도 똑같이 $-e$, 질량도 똑같이 $9.1 \times 10^{-31}$kg입니다. 양전자도 마찬가지입니다. 그리고 여기서 생겨난 전자와 저기서 생겨난 양전자가 만나면 깔끔하게 쌍소멸합니다.

이 이야기가 어떻게 들리나요? 딱히 이상할 것 없는 당연한 이야기처럼 들리나요? 그러면 이것을 살짝 비틀어서 다시 생각해 봅시다.

어떤 종류의 우주론에 따르면 빅뱅으로 탄생한 이 우주와는 별개로 다른 우주도 수없이 있다고 합니다. 그 우주들끼리는, 또는 그 우주와 이 우주는 왕래나 통신이 불가능하며 서로의 존재를 확인하는 일조차 불가능하다고 합니다. (애초에 실험이나 관찰을 통해 확인할 수 없는 가설을 떠올리는 것이 과연 과학의 영역이 맞느냐 하는 문제는 일단 제쳐 둡시다.)

그리고 그 우주에서의 물리상수와 물리 법칙 등은 우리 우주와 다를 가능성이 있습니다. 기본 입자의 질량이나 전자의 기본전하량 등이 전혀 다른 값일 수도 있다는 말이지요. 예컨대 그중에는 전자의 기본전하량이 $-1.1e$인 우주가 있을지도 모릅니다. 그 우주에서는 진공 속에서 광자가 충돌하거나 쌍생성이 일어나면 $-1.1e$의 전자와 $+1.1e$의 양전자가 생겨날 겁니다.

그럼, 이번에는 그쪽 우주의 진공을 병에 담아서 우리 우주로 가져오는 데 성공했다고 가정해 봅시다. (불가능한 일도 상상은 자유니까요.) 그 텅 비어 보이는 병에 광자를 쏘아 충돌시켜서 쌍생성을 일으키면 우리 우주에는 존재하지 않는 $-1.1e$ 전자와 $+1.1e$ 양전자 쌍을 얻을 수 있습니다. 병 속은 진공이며 (말 그대로 그냥 병과 그 속의 진공이므로) 그 어떤 장치나 속임수도 없습니다. 그런데도 우리 우주에는 있을 수 없는 입자를 만들어 내는 장치로 기능합니다. 그 우주의 진공과 우리 우주의 진공은 무엇이 다르기에 이런 일이 가능한 걸까요?

이렇게 생각해 보면 이 우주의 어디에서 쌍생성을 일으켜도 언제나 똑같은 전자와 양전자가 생겨난다는 사실이 조금 신기하게 느껴질 수 있습니다.

우리 우주의 진공은 전하량이 '$-1.1e$인 전자와 $+1.1e$인 양전자가 없는' 진공이 아니라, '$-e$인 전자와 $+e$인 양전자가 없는'

진공입니다. 이 우주에서 병 속의 물질을 꺼내거나 병에 우주 공간의 진공을 채우는 방법으로 진공을 만든다면, 병 속에는 전자도 양전자도 들어 있지 않을 게 분명합니다. 그러나 병 속의 진공은 전자의 전하량과 질량과 성질 등을 기억해서 쌍생성이 일어나면 $-e$ 전하량을 가진 전자를 만들어 보입니다.

또 병 속의 진공은 전하량이 $-e$인 전자가 없을 뿐 아니라, 전하량이 $-e$인 뮤온도 없고 $+\frac{2}{3}e$인 업 쿼크도, $-\frac{1}{3}e$인 스트레인지 쿼크도 없는, 열일곱 종류의 기본 입자가 전부 없는 데다가, 인류가 본 적 없는 몇 가지 입자 역시 없는 진공입니다.

하지만 병 속의 진공은 인류가 본 적 없는 입자의 정보까지 모두 알고 있습니다. 그러므로 우리가 조건을 갖추고 잘 캐묻기만 한다면 반드시 미지의 입자와 그 반입자까지 함께 토해내서 보여 줄 게 분명합니다.

## $e$가 더 커지면 인류의 보금자리는 지구보다 화성

만약 기본전하량 $e$가 지금과는 다른 값이었다면 이 세상은 어떻게 되었을까요? 전자기의 힘은 우리 주변의 온갖 현상과 생명 활동, 자연계 법칙과 우주 물리 등의 삼라만상과 관련이 있습니다. 그러므로 만약 $e$가 지금과 다른 값을 가진다면 모든 현상이 뒤바뀔 겁니다.

물론 이 책의 주인공들인 보편 상수 $c$와 $G$와 $h$의 값이 바뀌어도 우리는 다양한 영향을 받을 테지만, 우주는 특히나 $e$의 값에 민감합니다. 여기까지 설명해 오는 동안에 우리는 광속 $c$와 만유인력상수 $G$의 값을 1000만분의 1, 또는 100만 배로 조금 거칠게 바꾸어 보면서 우주가 어떤 모습으로 변할지 살펴보았는데, 여기서는 기본전하량 $e$의 값 변화를 단 2배로만 바꿔서 살펴봅시다.

자, 내일부터 $e$의 값이 지금의 2배가 되어 전자의 기본전하량은 $-3.2 \times 10^{-19}$C, 양성자의 기본전하량은 $+3.2 \times 10^{-19}$C이 된다고 가정하겠습니다. 그러면 우주는 어떻게 될까요?

양성자와 전자의 전하량이 2배가 되면 둘이 서로를 끌어당기는 전기력은 $2 \times 2 = 4$배가 되어 원자의 크기가 4분의 1로 줄어듭니다. 그러면 물체를 이루고 있는 결정도 4분의 1로 줄어들 테니 물체의 크기가 4분의 1이 되며, 이에 따라서 우리 키는 채 50cm가 못 되겠군요.

그런데 체중은 16배로 늘어납니다. 지구 반지름이 4분의 1이 되면 지표면 중력이 16배가 되기 때문입니다. 지구의 면적은 16분의 1로 좁아질 테고, 이것은 대기압의 상승으로 이어집니다. 중력과의 상승효과에 따라서 기압은 무려 256기압이 될 겁니다. 평소 1기압 환경에서 살아가는 우리는 이렇게 기압이 높은 곳에서는 정상적으로 숨을 쉴 수 없습니다.

이처럼 $e$의 값이 변하면 지구 환경은 격변합니다. 생물은 현 상태에 최적화되어 살아가고 있으니 환경이 급변하면 당연히 생존하기가 어려워질 겁니다. 하지만 $e$의 값이 변하면 다른 천체들의 환경도 변할 테고, 그중에는 지구 생명체에게 쾌적한 환경을 갖추게 되는 천체들도 나오겠지요. 그때는 지구보다 대기가 옅고 중력이 약한 화성으로 이주하는 편이 더 나을 수도 있겠습니다.

## 맹렬한 속도로 달리는 전기 자동차

$e$가 변화하면 지구 환경 변화보다도 심각해지는 것이 화학 반응과 물질의 성질 변화입니다. 원자와 분자 간 반응이나 결합에는 반드시 전자가 작용하기 때문에 $e$가 지금의 2배가 되면 물질의 성질이 극적으로 변합니다.

먼저, 전자를 원자에서 강제로 떼어 놓는 데 필요한 에너지, 또는 둘을 붙일 때 방출되는 에너지 등이 16배로 늘어납니다. 전자의 궤도 반지름이 4분의 1이 되어서 전자와 원자핵의 거리가 가까워지기 때문입니다. 이것을 시작으로 전자가 활약하는 온갖 화학 반응의 모습이 변합니다.

몇 가지만 예를 들어 보겠습니다. 건전지는 금속에서 전자를 뽑아내는 반응을 이용하는데, 내일부터 $e$의 값이 2배가 되면

이 전압은 16배가 됩니다. D 규격이나 AAA 규격 등 흔히 보는 건전지의 전압은 현재 1.5V(볼트)로 정해져 있는데, $e$가 지금의 2배가 되면 24V로 '파워 업'되는 셈입니다. 배터리의 힘이 세지니 전기 자동차와 로봇 청소기 등도 전에 없던 맹렬한 속도로 달리겠군요.

식물은 엽록소를 가지고 광합성을 합니다. 즉, 빛을 흡수해서 이산화탄소 분자 등으로 당 분자와 산소 분자를 만들지요. 이 반응에 필요한 에너지가 16배로 늘어나면 파장이 16분의 1인 빛이 필요해집니다.

현재의 환경에서 광합성 때 엽록소가 흡수하는 빛은 가시광선, 특히 붉은빛과 파란빛입니다. (나머지 초록빛을 외부로 반사하기 때문에 식물이 초록색으로 보이는 것이죠.) 파장이 가시광선의 16분의 1인 빛은 자외선이므로, $e$가 지금의 2배가 되면 식물의 광합성에 자외선이 필요해집니다. 그러나 자외선은 지구 대기를 거의 통과하지 못하므로 지표면에서 자라는 식물들은 광합성을 할 수 없게 됩니다. 지금의 2배가 된 $e$는 아무래도 지구에 친화적이지 않아 보입니다.

만약 어찌어찌 자외선이 지표면까지 내려와 식물이 자외선을 흡수하기 시작하면 어떤 색으로 보일까요? 인간의 눈은 보통 자외선을 보지 못하지만, $e$가 지금의 2배가 되면 우리 눈의 광수용체(망막에서 빛을 감지하는 세포)가 감지하는 파장도 16분의 1이 되어서 가시광선 대신에 자외선을 보게 될 겁니다. 하지만 정작 자외선을 흡수한 식물의 겉모습은 별로 바뀌지 않을지도 모르지요.

## 얼음물에 화상을 입는 세계

$e$의 값이 지금의 2배가 된 세계에서 전기 자동차는 훨씬 맹렬한 속도로 달릴 테지만, 휘발유차는 어떨까요? 휘발유는 탄화수소로 이루어졌는데, 탄화수소 분자가 연소할 때(즉, 산소와 결합할 때) 방출하는 에너지도 16배가 될 겁니다. 그러면 휘발유차도 지금보다 16배 센 힘으로 달릴 수 있겠지요. 하지만 지금 상온에서 액체 상태로 존재하는 휘발유가 $e$의 값이 2배가 되었을 때도 여전히 액체일 것인가 하는 문제의 답은 간단치 않습니다.

대부분의 고체나 액체는 수많은 분자가 서로 들러붙어서 밀집한 상태입니다. 분자끼리 서로 달라붙어 있는 힘을 분자간힘intermolecular force이라고 하며, 이 힘은 분자 간 거리가 가까우면 급격히 세지는 경향이 있습니다. 그리고 $e$가 2배가 되면 액체나 고체는 부피가 수축하고, 분자끼리는 더 가까워집니다. 즉, 분자간힘이 강해집니다.

분자간힘의 에너지가 얼마나 강해지느냐, 이것은 물질의 종류에 따라서 다르겠지만 여기서는 전기 쌍극자electric dipole*라는 것들 사이에서 작용하는 힘을 참고로 해서 간단히 8배라고 가정해 봅시다.

고체를 이루고 있던 분자들이 뿔뿔이 흩어지면서 기체가 되는 온도를 '끓는점'이라고 하며, 분자간힘이 세지면 분자들이 서로 달라붙어서 끓는점이 높아집니다. 대략적으로만 계산해 보아도 얼음의 녹는점은 0℃(273K)가 아닌, 약 1,900℃(약 2,200K)로 치솟습니다. 얼음물에 화상을 당할 염려가 있으니 주의해야겠습니다. 게다가 물의 끓는점은 100℃(373K)가 아닌, 약 2,600℃(약 3,000K)가 됩니다. 뜨거운 물이 끓어오르기도 전에 주전자가 녹지 않을까 하는 걱정이 들 수도 있겠지만, 금속과 도자기 등의 녹는점도 함께 상승할 테니 그리 쉽게 녹지는 않을 겁니다. $e$가 지금의 2배인 부엌은 제철소와 같은 열기로 에워싸이겠군요.

휘발유의 주성분은 옥테인octane이라는 물질입니다. 일반적인 환경에서 옥테인의 녹는점은 -57℃(216K)이므로 휘발유는 상온에서 액체이며, 연료로 사용할 수 있습니다. 그러나 $e$가 지금의 2배가 되면 옥테인은 약 1,500℃(약 1,700K)에서 녹게 됩

---

* 일정한 거리만큼 떨어진 두 지점에 크기가 같고 부호가 다른 전하가 놓여 있는 상태. 그 크기는 전하량과 거리의 곱과 같다.

3장. 기본전하량 $e$로 이해하는

니다. 고온이 아닌 환경에서는 휘발유가 얼어붙겠죠. 이 문제를 $e$가 2배인 세상의 자동차 기술로 해결할 수 있다면, 휘발유 차 역시 16배의 힘을 받아 씽씽 달릴 수 있을 것입니다.

## 피할 수 없을 우주 핵폭발

한편, 원자의 중심에 자리 잡은 원자핵은 (전자가 활약하는) 화학 반응 때는 그리 눈에 띄지 않았습니다. 하지만 원자핵이 일으키는 핵반응은 우주에 존재하는 원소들의 양을 좌우합니다. 그리고 $e$가 지금의 2배가 되어 발생하는 영향은 핵반응에도 나타납니다.

가장 단순한 원자인 수소 원자는 양성자 한 개로 이루어진 원자핵과 그 주변을 도는 전자 한 개로 이루어져 있습니다. 수소 원자핵은 빅뱅 직후 우주에 최초로 생겨난 원자핵이자, 우주 물질의 약 70%를 차지하는 압도적 다수파입니다. 우주는 수소로 이루어져 있다고 해도 그리 틀린 말이 아닙니다. 그렇다면 양성자의 전하량이 2배가 되면 우주의 다수파인 수소에 어떤 영향을 줄까요? 여기서 또 굉장히 터무니없는 일이 일어납니다.

양성자의 기본전하량이 2배가 되면 양성자의 정전기 에너지 electrostatic energy라는 것이 4배가 됩니다. 정전기 에너지란 전하를 띤 물체가 가지는 에너지로, 정전기를 띤 고양이 털, 전하를 담은 라이덴병, 시커먼 뇌운 등이 이 에너지로 타닥 소리를 내며 공기를 울리게 만들거나, 땅으로 번개를 번쩍 떨어뜨리기도 합니다.

양성자의 전하는 (정전기가 아니라) 정전기 에너지를 가지고 있습니다. 이 에너지는 $E = mc^2$의 관계에 따라서 질량을 가지므로, 정전기 에너지가 4배가 된 양성자는 지금보다 살짝 무거워집니다. 어느 정도 무거워질지 정확히 예상하기는 어렵지만, 아마도 질량이 0.1~0.2% 정도 늘지 않을까 생각됩니다. 이것이 사람 몸무게의 0.1~0.2%라면 물을 마시거나 화장실만 다녀와도 늘었다 줄었다 할 정도이니 대단한 차이가 아니지만, 양성자에는 대단한 차이를 만드는 수치입니다.

우리 우주에서는 원자핵을 구성하는 양성자와 중성자 중에서 양성자가 아주 조금 더 가볍습니다. 그런데 $e$가 2배가 되어 양성자의 질량이 0.14% 정도 더 무거워진다면 중성자의 질량을 웃돌게 될 겁니다.

중성자는 혼자 있으면 불안정해서 10분이면 붕괴해 양성자, 전자, 그리고 전자중성미자의 반입자인 '반-전자중성미자'로 변합니다. 그런데 양성자가 중성자보다 무거우면 이 붕괴가 일어날 수 없게 됩니다. 붕괴의 원재료인 중성자에서 중성자보다 더 무거운 양성자를 만들어 낼 수는 없기 때문입니다.

3장. 기본전하량 $e$로 이해하는

그 대신에 양성자가 불안정해져서 붕괴함으로써 중성자, 양전자, 전자중성미자를 만들어 내는 반응이 가능해질 겁니다. 그러면 수소 원자의 원자핵은 점차 중성자로 바뀌어 갈 테고, 그때 생겨난 양전자가 전자와 쌍소멸해서 나중에는 중성자와 중성미자와 고에너지 감마선이 남을 겁니다. 얼마나 고에너지냐 하면 온도로 환산해서 100억 ℃ 정도입니다.

$e$가 2배가 되어 양성자의 정전기 에너지가 질량을 0.14% 이상 늘리면, 10여 분 만에 우주 물질의 70%가 중성자로 붕괴해서, 모든 것이 100억 ℃의 고온에서 증발함에 따라, 고온 중성자 가스가 될 가능성이 있습니다. 항성이든 행성이든 모조리 날아가 버리겠군요. 우주의 압도적 다수파인 수소가 전부 핵연료로 쓰여 핵폭발을 일으키는 셈이 될 테니까요.

## 그럼에도 생명은 탄생할 수 있을까?

이렇듯 느닷없이 $e$가 지금의 2배가 되면 우주는 대폭발합니다. 물론 우주 안의 생명체들도 전멸하겠지요. 전에 없던 극단적인 대멸종입니다.

보편 상수가 바뀌는 대변화가 일어났을 때 살아남을 생명은 없겠지만, 보편 상수가 우리와 다른 우주에서도 생명이 발생할 수 있을까를 따져 보는 것은 무척 흥미로운 문제입니다. $e$의 값이 어느 날 갑자기 바뀌는 게 아니라, 태초부터 지금의 2배로 시작했더라면 우주는 어떤 모습으로 발전했을까요? 그 우주에도 생명체가 탄생했을까요?

앞에서 우주의 물질 70%가 수소라고 했습니다. 그러면 그 수소는 어디서 왔을까요? 바로 우주의 시작인 빅뱅 때 만들어진 양성자에서 왔습니다. 빅뱅 때는 중성자도 함께 만들어졌는데, 중성자는 불안정해서 빅뱅 직후 10여 분 만에 붕괴했습니다. 현재 우주를 떠돌아다니고 있는 (빅뱅에서 유래한) 중성자는 없습니다.

하지만 $e$가 지금의 2배인 우주라면, 빅뱅 직후 10여 분 만에 붕괴하는 것은 중성자가 아니라 양성자겠죠. 따라서 우주의 물질 대부분은 중성자와 헬륨 약간으로 대체될 것입니다. 그리고 중성자가 대량으로 존재할 테니 수소 원자는 없을 겁니다. $e$가 지금의 2배인 우주는 이렇게 시작합니다.

그 우주에는 물이 부족해서 우리 같은 생명체들에게는 불리하겠군요. 물 분자는 수소 원자와 산소 원자가 결합한 것으로, 수소 원자가 없으면 물 분자가 존재할 수 없으니까요. 그뿐 아니라 수소 원자가 없으면 우리가 생명에 필요하다고 알고 있는 많은 물질을 만들 수 없습니다.

아마 그 우주에서는 수소를 대신해서 중수소deuterium가 현재의 우주에서 물을 재료로 하는 많은 화합물의 원료가 될 것입

3장. 기본전하량 $e$로 이해하는

니다. 중수소는 원자핵이 양성자 한 개와 중성자 한 개로 만들어진 원자로, $e$가 2배인 우주에서도 안정적일 것으로 추측됩니다. 우리가 아는 수소 원자와는 성질이 조금 다르지만, 생명의 재료로 쓰일 만할 겁니다.

생명체를 길러 내려면 우선 그 우주 공간의 중성자들이 모여서 항성부터 만들어야 할 테니, 항성 내부 중성자들의 핵융합 반응에 맞추어 중수소를 공급하는 일이 생명 탄생을 향한 첫걸음이 될 것입니다. (우리 우주의 항성 내부에서는 이미 만들어진 중수소 원자핵이 금세 헬륨 원자핵이 되므로 중수소를 대량으로 공급할 수 없습니다. 그러나 $e$가 2배인 우주에서는 중성자끼리의 융합 반응이 비교적 저온에서도 일어남과 동시에 중수소 원자핵끼리는 전기력으로 강하게 상호 반발하여 지금처럼 쉽게 헬륨 원자핵이 되지는 않을 것으로 예상할 수 있습니다. 하지만 이 부분은 아직 더 정밀한 논의가 필요합니다.)

그런데 그러한 우주에서는 애초에 정말 중성자 가스가 모여서 항성을 만들 수 있을까요? 전자기파 방사 효율이 낮은 중성자 가스가 중력 에너지를 열로 잘 버리지 못하고 응축해 버리지는 않을까요?

또 중성자 가스는 유체로서 어떤 성질을 가질까요? 핵융합이 일어났다고 가정했을 때, 그 열은 항성의 표면까지 문제없이 전달되어 방출될 수 있을까요? 중성자로 이루어진 항성은 혹시 핵융합으로 빛을 내는 시기를 거치지 않고 갑자기 중력 붕괴를 일으키고 중성자별로 변해 버릴 가능성은 없을까요?

끊임없는 의문이 샘솟지만 대충 다 괜찮을 겁니다. 생명은 강인하므로 보편 상수가 세밀하게 조정되어 있지 않은 우주에서도 어떻게든 발생할 방법을 찾을 테니까요.

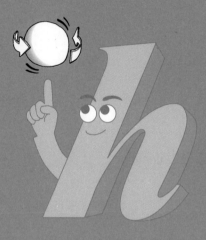

# 4장

## 플랑크상수 $h$ 로
## 이해하는 양자역학

## 물리상수의 끝판왕 플랑크상수 $h$

드디어 플랑크상수Planck constant를 만날 차례입니다. 플랑크상수 $h$는 이 책에서 가장 난해하고 벅찬 상대인 만큼 물리상수의 진정한 '원톱' 혹은 '끝판왕'이라고 할 수 있습니다. 광속, 만유인력상수, 기본전하량은 이름만 보아도 무엇의 양을 나타내는 값인지 대충 감이 오지만, 플랑크상수는 도통 파고들 틈이 없어 보이므로 더욱 그렇습니다. 심지어 설명을 들어도 뭔가 속 시원하게 이해한 느낌을 받기가 어려운 상수입니다.

플랑크상수는 미시 세계에서 활약하는 보편 상수입니다. 우리를 둘러싼 물질은 모두 원자나 분자나 기본 입자 같은 미시적인 물체들로 이루어져 있습니다. 그러므로 미시 세계의 물리 법칙인 양자역학은 우리 주변의 물질과 우리 자신을 구성

4장. 플랑크상수 $h$로 이해하는

하는 생체 분자의 성질을 결정하고, 나아가 우주 전체의 구조까지도 지배합니다.

미시 세계에서 빛은 광자라는 알갱이로 행동하고, 에너지는 불연속적으로 변화하며, 모든 것이(물체의 상태조차도) 뿔뿔이 흩어지고 또렷하게 변화합니다. 미시 세계의 이런 비상식적인 행태를 설명하는 물리학이 바로 양자역학입니다. 플랑크상수를 이해하기 어려운 까닭은 양자역학이 어렵기 때문입니다.

## 만든 이에게도 수수께끼였던 플랑크상수

1900년, 깔끔하게 딱 떨어지는 수로 표현되는 해에, 독일 베를린대학교의 교수 막스 플랑크Max K.E.L. Planck(1858~1947)는 고온의 물체에서 방사되는 빛에 관하여 이런저런 고찰을 하고 있었습니다.

백열전구의 저항선인 필라멘트나 숯불, 태양 등과 같은 고온의 물체는 그 온도에 대응해서 빨간색이나 하얀색 등의 빛을 내뿜습니다. 필라멘트, 숯불, 태양뿐 아니라 불투명한 물체는 무엇이든 고온으로 가열하면 빛을 냅니다. 뜨겁게 가열하지 않아도 상온이나 저온, 때에 따라서는 극저온에서도 물체는 표면 온도에 따라 자기 나름의 빛(전자기파)을 방출합니다. 사람의 몸도 예외가 아니어서 전자기파를 방출하는데, 우리 체온 정도의 온도에서는 가시광선이 아니라 적외선이 많이 나옵니다. 이렇게 물체의 표면에서 온도에 따라 성질이 다른 빛을 내뿜는 것을 '흑체 복사'라고 부른다는 이야기를 1장에서 잠깐 했습니다.

흑체 복사로 방출되는 빛의 성질은 오로지 온도에 따라 결정됩니다. 따라서 흑체 복사를 측정하면 물체의 온도를 알 수 있습니다. 코로나19 팬데믹 때 곳곳에 비접촉형 체온 측정 장치를 설치해 두고 드나드는 사람들의 체온을 재곤 했는데, 바로 이 원리를 이용한 장치입니다.

그러나 플랑크가 흑체 복사 문제에 집중했던 시기에는 이것을 완전하게 나타낼 수 있는 식formula이 없었습니다. 알려져 있던 식들은 물체에서 방출되는 빛 가운데 진동수가 낮은 것들만 설명할 수 있거나, 반대로 높은 진동수에만 적용할 수 있는 등 한계가 있었습니다. 플랑크는 이러한 식들을 조합해서 진동수와 온도에 상관없이 딱 맞게 적용할 수 있는 식을 고안해 냈습니다. 팬데믹 때 활약한 비접촉형 체온 측정 장치의 밑바탕이 만들어진 것이죠. 플랑크 덕분입니다.

플랑크가 완성한 식에는 눈에 익지 않은 상수 $h$가 있었습니다. 빛의 진동수를 에너지로 변환하는 상수인데, 최신 값으로 $h = 6.62607015 \times 10^{-34} \text{J} \cdot \text{s}$입니다. 그런데 빛의 '진동수를 에너지로 변환'한다는 말은 어떤 의미일까요?

4장. 플랑크상수 $h$로 이해하는

빛의 색이나 강도 같은 성질은 진동수에 따라 결정됩니다. 가령 빨간색 빛은 1초에 약 400조 번 진동합니다. 이것을 '진동수가 400조 Hz(헤르츠)다'라고 표현합니다. 보라색 빛의 진동수는 약 800조 Hz입니다. 둘 다 진동수가 엄청나지요? 빛은 이렇게 끊임없이 진동하면서 광속으로 날아다닙니다.

빛의 진동수를 플랑크상수 $h$와 곱하면 특정한 에너지값이 나옵니다. 예를 들어 빨간색 빛의 진동수에 플랑크상수를 곱하면 $3 \times 10^{-19}$J이라는 값이 나오는데, 이것은 있는지 없는지도 알 수 없을 만큼 작은 에너지입니다. 자, 진동수를 에너지로 변환했습니다.

그런데 이 작은 에너지가 의미하는 바는 무엇일까요? 사실 플랑크 본인도 자신이 고안해 낸 식을 들여다보면서 그 안에 포함된 플랑크상수가 대체 무엇을 의미하는지 알아내려고 애를 써야만 했습니다. 자기가 도출해 낸(심지어 자기 이름까지 붙은) 상수가 무엇을 의미하는지 몰라서 머리를 짜내야 한다니, 기가 막힐 노릇입니다.

그러나 과학계에서는 그런 일이 종종 일어납니다. 자연을 관찰하다가 발견한 현상이 어떤 식에 해당한다는 것을 알아내긴 했는데, 왜 그렇게 되는지, 왜 그 상수가 사용되는지는 알지 못하는 상황인 거죠. 그전까지 알려지지 않은 미지의 물리 법칙이 식과 상수를 통해 세상에 모습을 드러낸 순간이라고 볼 수도 있습니다. 그리고 플랑크의 이 순간이 바로 그런 상황이었습니다.

## 에너지에 기본량이 있다고?

플랑크가 머리를 짜낸 끝에 다다른 해석은 '혹시 이것이 물체가 방출하는 빛의 기본량elementary quantity이 아닐까?' 하는 것이었습니다.

필라멘트, 숯불, 태양, 인체가 흑체 복사를 한다는 말은 표면에서 빛이 방출된다는 뜻입니다. 그 표면을 자세히 뜯어보면 필라멘트는 텅스텐 원자, 숯은 탄소 원자, 태양은 수소 플라스마(원자핵과 전자로 이온화된 기체)로 이루어져 있습니다. 인체는 산소 원자, 수소 원자, 탄소 원자 등으로 이루어진 복잡한 고분자의 집합체입니다. 다시 말해 모든 물체는 원자, 분자, 양성자, 전자 등의 입자로 이루어졌고, 이 입자들이 부지런히 빛을 방출하며 흑체 복사에 기여하고 있습니다. 흑체 복사에는 빨간색 빛, 보라색 빛, 적외선 등이 다 포함되니, 다양한 진동수를 가진 빛이 한데 섞여 나오는 셈입니다.

플랑크는 원자 한 개가 특정 색깔 빛을 낼 때 '일정량'의 에너지를 툭 내놓는다고 생각했습니다. 바로 그 일정량이 플랑크 상수로 결정되는 것이죠.

빨간색 빛의 진동수에 플랑크상수를 곱해서 나온 $3 \times 10^{-19}$J 이라는 값은 원자 한 개가 빨간색 빛을 내면서 툭 내놓는 에너지의 양입니다. 그런데 빨간색 빛을 낼 때 그보다 적은 양의 에너지를 내놓는 일은 없습니다. 또 그보다 많은 양을 내놓을 때는 반드시 2배, 3배, 4배와 같이 정수배의 에너지를 방출합니다. 1.5배나 3.141592배 등을 내놓는 일은 없습니다. 요컨대 $3 \times 10^{-19}$J은 원자 한 개가 빨간색 빛을 내면서 툭 내놓는 에너지의 기본량입니다.

이렇게 에너지에 기본량이 있고, 에너지의 크기는 기본량의 정수배로만 변한다는 사실을 알게 된 플랑크는 에너지의 기본량을 에너지양자energy quantum라고 불렀습니다. 빨간색 빛을 예로 들었지만, 보라색 빛이나 적외선 등도 각 빛의 진동수와 플랑크상수를 곱해 에너지양자를 구할 수 있습니다.

다만 요즘에는 에너지양자라는 용어를 잘 쓰지 않습니다. 얼마 지나지 않아 아인슈타인이 이것을 광양자라는 개념으로 바꾸어 놓았기 때문입니다.

## 도대체 양자의 정체는 무엇인가?

플랑크가 흑체 복사의 식을 완성한 1900년에서 5년이 흐른, 이른바 기적의 해에, 스위스 특허청에 근무하던 젊은이 아인슈타인은 노벨상급 논문을 연달아 다섯 편이나 발표했습니다. 그중 광양자설에 관한 논문 한 편은 실제로 그에게 노벨 물리학상을 안겼습니다. 빛이 광양자light quantum라는 알갱이의 집합이라는 가설이 바로 광양자설인데, 1905년에는 (현재 광자 또는 광양자로 번역되는) 포톤photon이라는 단어가 아직 없었습니다. (지금까지 빛 알갱이를 쭉 광자로 지칭했으나, 여기서는 1905년의 상황을 반영해 광양자라고 부르겠습니다.)

이쯤에서 '양자quantum'라는 단어에 관해서 간단히 짚고 넘어갑시다.

옛날에는 빛, 에너지, 소리, 회전운동량 등의 세기나 크기가 연속적인 값으로 변한다고 생각했습니다. 그런데 플랑크와 아인슈타인, 그 밖의 학자들 덕분에 실제로는 이런 물리량에 기본량이 있어서 그 양의 2배, 3배, 5배 등과 같이 정수배의 크기로만 변할 수 있다는 사실이 밝혀지기 시작했습니다. 그것이 미시 세계의 규칙인 듯합니다. 이 세상은 그렇게 만들어져 있습니다.

이렇게 빛, 에너지, 소리, 회전운동량 등이 가지는 기본량을 바로 양자라고 부릅니다. 그중 빛의 양자를 광양자라고 부르는 것이지요. 그리고 양자역학은 빛, 에너지, 소리, 회전운동량 등이 저마다 양자로 이루어졌다고 보는 물리학입니다. 양자역학이 아닌 물리학을 우리는 '고전 물리학'이라고 구분합니다.

그리 오래된 물리학이 아니어도 양자역학을 이용하지 않으면 고전 물리학으로 분류합니다. 예컨대 상대성 이론은 비교적 새로운 물리학 이론이지만 양자역학을 이용하지 않으므로 고전 물리학에 속합니다.

그나저나 여기에 빛, 에너지 등과 함께 소리가 끼어 있는 것을 눈치챘나요? 소리도 양자로 이루어져 있다고요? 그러면 에너지양자나 광양자처럼 '소리양자' 같은 용어도 있을까요? 그렇습니다. 소리도 입자의 집합으로 볼 수 있으며, 소리의 기본량인 소리양자 한 개보다 더 작은 소리는 만들 수 없습니다. (소리양자는 '음자', '음향양자', '포논phonon'이라고도 부릅니다.) 스피커나 이어폰에서 음악이 흘러나올 때, 또는 노래를 부르거나 말을 할 때면 어마어마한 수의 소리양자가 방출되어 우리 귀로 날아들어서 고막을 진동시킵니다.

그런데 여기에 빛, 에너지, 소리와 함께 끼어 있는 또 한 가지, '회전운동량'은 무엇일까요? 회전운동량은 고전 물리학에서는 물체가 회전할 때 얼마나 힘찬지를 나타내는 양인데, 양자역학에서는 고전 물리학이 상상도 할 수 없는 이상야릇한 쓰임새를 가지는 물리량입니다. 이것에 관해서는 뒤에서 다시 설명하겠습니다.

## 광양자 한 개의 에너지를 알려주는 플랑크상수

자, 이번에는 아인슈타인과 광양자 이야기입니다. 아인슈타인은 플랑크가 완성한 흑체 복사의 식과 (1장에서 짧게 언급했던) 광전 효과를 함께 고찰하다가 한 가지 깨달음을 얻었습니다. 광전 효과는 금속 표면에 빛을 비추면 전자가 튀어나오는 현상을 말하는데, 어떤 빛을 비추느냐에 따라 전자가 튀어나오기도 하고 그렇지 않기도 했습니다. 아인슈타인은 빛을 입자라고 생각하면 광전 효과를 모순 없이 설명할 수 있다는 사실을 깨달았습니다.

그는 플랑크가 제안한 에너지양자 개념을 받아들여, 빛이 바로 그 에너지를 가진 알갱이(광양자)라고 가정했습니다. 즉, 광양자 한 개는 진동수에 플랑크상수를 곱한 만큼의 에너지를 가집니다. 그리고 광전 효과가 일어날 때는 광양자 한 개와 전자 한 개가 일대일로 충돌해 금속 원자에서 전자가 튀어나옵니다. 이때, 진동수가 큰 빛은 광양자의 에너지가 크므로 금속 원자에서 전자를 떼어낼 수 있지만, 진동수가 작은 빛은 광양자의 에너지가 작으므로 아무리 부딪혀도 전자가 튀어나오지 않습니다. 이것이 바로 빛의 성질(진동수)에 따라 광전 효과가 달랐던 이유입니다.

이렇게 해서 광전 효과의 원리가 밝혀졌습니다. 동시에 플랑크상수 사용법도 한 가지 밝혀졌군요. 빨간빛, 초록빛 같은 가시광선이나 적외선, 엑스선 등 다양한 광양자의 에너지를 알고 싶으면 각 빛의 진동수와 플랑크상수를 곱하면 된다는 것입니다. 계산해 보면 광양자 한 개의 에너지는 극히 미약합니다. 고온의 물체가 흑체 복사를 할 때 표면에서는 무수히 많은 광양자가 방출되는데, 촛불처럼 어두운 광원에서도 1초에 수경 개나 되는 어마어마한 수의 광양자가 나옵니다.

빛이 입자라는 생각을 아인슈타인이 처음 떠올린 것은 아닙니다. '빛은 파동인가 입자인가?' 하는 문제는 아인슈타인 이전부터 오랫동안 논의되어 온 주제였습니다. 다만 빛이 파동 특유의 회절이나 간섭 등의 현상을 보인 까닭에 아마도 파동이 맞는 것 같다고 여겨져 왔습니다. 그러다 19세기에 전자기학이 발전하고, 빛의 정체가 전자기파라는 것이 밝혀지고부터는 빛이 파동이라는 사실을 의심할 수 없게 되었죠.

그런데 20세기가 밝은 시점에 새삼스레 아인슈타인이 빛은 입자라고 주장했습니다. 아니, 빛이 정말 입자라면 그때까지 쌓여 온 파동의 증거는 다 무엇이었단 말입니까? 입자가 어떻게 회절과 간섭을 하고, 전자기학의 파동 방정식에 따라서 진동했다는 말입니까? 아인슈타인의 기묘한 가설을 접한 사람들은 대부분 이렇게 느꼈습니다.

현재까지 인류가 이해한 바에 따르면 광자, 전자, 그 밖의 모든 기본 입자들은 파동의 성질과 입자의 성질을 함께 가집니다. 그뿐 아니라 원자와 분자 등이 조합된 더욱 큰 물체들도 조건을 갖추어 주면 파동의 성질을 보일 것으로 여겨집니다. (그러나 이것을 확인하는 실험은 매우 어렵습니다.)

## 뉴턴역학에 걸맞지 않은 원자의 행동

광자, 전자, 그 밖의 모든 기본 입자들이 파동과 입자의 성질을 함께 가진다는 것을 단서 삼아 인류는 미시 세계의 물리 법칙을 밝히고 양자역학을 만들어 냈습니다. 양자역학의 성과를 모두 이야기하자면 20세기 이후의 물리학을 모조리 설명해야만 합니다. 원자의 구조를 밝혀낸 지점부터 시작해서 분자의 형상과 반응 등을 계산하는 입자물리학, 고체물리학과 거기서 응용된 반도체 소자, 또 거기서 응용된 전자 기기, 원자핵 물리와 원자력, 레이저광학…… 화려한 목록이 끝없이 이어져 다 열거할 수도 없습니다.

여기서는 양자역학의 첫 번째 성과인 원자 구조에 관해서 이야기해 보겠습니다. 현재까지 인류가 이해한 내용을 중심으로 설명할 예정이므로 반드시 당시의 생각이나 시간 순서와 일치하지는 않습니다.

원자는 만물을 구성하는 작은 알갱이, 즉 입자입니다. (양성자, 전자 등으로 더 나눌 수 있으므로 '기본 입자'는 아닙니다.) 그 구조를 밝히는 일은 20세기 초반 연구자들의 중대한 관심거리였지요. 3장에서 잠깐 이야기했듯이, 실험을 통해 차츰 밝혀진 원자의 구조에는 그때까지의 물리학 이론으로는 이해할 수 없는 부분들이 있었습니다.

원자는 양전하를 띤 원자핵과 음전하를 띤 전자로 이루어졌습니다. 고전 물리학에 익숙한 사람이라면 이 부분에서 태양을 공전하는 행성들처럼 원자핵 주변을 빙 도는 전자의 모습을 떠올릴 겁니다. 그런데 여기에 (고전 물리학 중 하나인) 전자기학을 적용하면 그러한 구조가 한순간에 붕괴하고 전자가 원자핵에 충돌해 버린다는 결론이 나옵니다. 이렇듯 고전 물리학으로는 원자가 안정적으로 존재하는 이유를 제대로 설명할 수 없습니다.

또 고전 물리학에서는 원자핵 주변을 도는 전자의 궤도가 연속적으로 존재한다고 생각했습니다. 예컨대 전자의 에너지가 1인 궤도가 있다면, 에너지가 살짝 다른 1.1의 궤도도 있을 것이며, 당연히 에너지가 1.21인 궤도나 1.09인 궤도도 있는 등 모든 에너지값의 궤도가 연속적으로 존재할 것으로 예상했습니다. 이것이 고전 중의 고전인 뉴턴역학 교과서에 적혀 있는 내용입니다.

그러나 실제 원자에는 이렇게 연속적인 궤도가 적용되지 않습니다. 에너지가 1인 궤도 곁에는 에너지가 2인 궤도가 있고, 그 곁에는 3인 궤도가 있는 식으로 띄엄띄엄, 불연속적으로 있습니다. 전자는 이렇게 에너지가 1, 2, 3······인 궤도에만 존재할 수 있고, 에너지가 1.1인 궤도나 1.21인 궤도, 또는 1.09인 궤도 등에는 존재할 수 없습니다.

아니, 그러면 궤도와 궤도 사이에는 전자가 존재할 수 있는 공간이 없다는 말인데, 전자는 중간 경로를 거치지 않고 어떻게 이웃한 궤도를 넘나드는 걸까요? 이 같은 모순은 태양을 공전하는 행성의 이미지가 원자에는 들어맞지 않는다는 뜻입니다. 그 이유는 무엇일까요?

## 연달아 탄생한 행렬역학과 파동역학

덴마크의 코펜하겐대학교에서 당시 조수로 일하던 독일인 베르너 하이젠베르크Werner K. Heisenberg(1901~1976)는 원자라는 미시적인 대상에 행성의 공전과 같은 이미지를 밀어붙이면 안 된다고 생각했습니다. 원자를 모형으로 나타내려고 하면 오히려 미시 세계만의 독특한 법칙을 이해할 수 없게 될 거란 이유에서였습니다.

그러면 미시 세계의 물리는 어떻게 이해해야 하느냐, 하이젠베르크는 원리적으로 측정 가능한 값만을 사용해야 한다는 방침을 고수했습니다. 예를 들어서 원자에서 방출되는 광자의 에너지는 측정 가능한 값이므로 사용해도 괜찮다는 식이었지요.

하이젠베르크는 그런 깐깐한 방침을 바탕으로 이런저런 측정값들을 다루다가 그 값들의 관계를 '행렬'이라는 수학적 표현으로 완전하게 기술할 수 있음을 알게 되었습니다. 꽃가루 알레르기 때문에 헬골란트섬에서 요양하던 시절의 일로 전해집니다. 1925년, 하이젠베르크는 독일의 물리학자 막스 보른 Max Born(1882~1970)과 파스쿠알 요르단E. Pascual Jordan(1902~1980)과 함께 이론을 완성해 행렬역학matrix mechanics을 발표했습니다.

행렬역학은 확실히 원자의 성질을 예측할 수 있어서 뭔가 맞는 이론인 것 같았습니다. 하지만 원자가 어떻게 생겼는지 이미지를 떠올리는 데는 전혀 도움이 되지 않았고, 수학적으로도 다루기가 어려웠습니다. (다루기 어려웠다고는 해도, 그 후로 양자역학에 사용되는 수학은 점점 더 난해해져서 그런 것과 비교하면 행렬역학은 초등학교 수학 수준이나 마찬가지였습니다.)

한편, 그즈음 오스트리아에서는 에르빈 슈뢰딩거Erwin R.J.A. Schrödinger(1887~1961)가 '전자는 파동이다'라는 말이 무슨 의미인지 고찰하고 있었습니다. 전자는 입자인 줄만 알았는데, 1924년에 프랑스의 물리학자 루이 드브로이Louis de Broglie(1892~1987)가 전자는 파동이라고 주장한 것입니다. 슈뢰딩거는 이에 관해 곰곰이 생각하다가 파동 방정식wave equation, 일명 '슈뢰딩거 방정식'을 고안해 냈습니다. 그리하여 1926년, 파동역학wave mechanics이 탄생했습니다. 행렬역학이 탄생한 지 7개월밖에 지나지 않은 때입니다.

깔끔한 방정식으로 기술할 수 있는 파동역학은 가로세로로 숫자들을 배열하는 행렬역학보다 친근했습니다. 또 슈뢰딩거는 원자 모형에 의지해서는 안 된다는 등의 꽉 막힌 소리를 하지 않았습니다. 하이젠베르크만큼 고결하지 못했던 물리학자와 학생 들은 겨우 마음을 놓았고, 슈뢰딩거의 방정식을 좋아하게 됐습니다.

사실 슈뢰딩거의 파동역학과 하이젠베르크의 행렬역학은 사용하는 수학 표현은 달라도 본질은 같은 내용입니다. 현대의 양자역학 교과서에는 이 두 가지 중에서 쓰기 편한 부분들만 뽑아서 정리한 내용이 실려 있습니다. 덕분에 요즘 학생들은 문제에 따라서 행렬과 파동 방정식을 나누어 쓰며 풀이할 수 있게 되었죠.

## 소리와 지진과 중력파의 파동 함수가 나타내는 것

파동 방정식과 그 방정식의 해인 파동 함수wave function에 관한 설명은 무척 추상적이고 난해합니다. 최대한 쉽게 설명해

4장. 플랑크상수 $h$로 이해하는

보겠지만, 걱정이 앞서는군요.

소리, 빛, 지진, 중력파 등과 같은 파동은 파동 함수로 나타낼 수 있습니다. 예를 들어서 소리라는 파동은 공기의 진동이 전해져 가는 것입니다. 북을 치면 주위의 기압이 살짝 변동하고, 그 변동이 멀리 전해집니다. 북을 친 0.01초 후에는 3m 떨어진 곳에서 기압이 0.01기압 올라가고, 또 그 0.01초 후에는 반대로 0.01기압 떨어지는 식으로, 시간과 위치에 따라서 기압은 다양한 값을 취합니다. 다시 말하면 기압은 시간과 위치의 함수가 되는데, 이 함수가 소리의 파동 함수입니다. 이 파동 함수는 북을 쳤을 때, 공기가 언제 어디서 어떻게 떨리는지를 자세하게 알려 줍니다.

파동 함수는 파동 방정식의 해입니다. 방정식 중에는 $x = 3$ 처럼 수치로 표현되는 해를 가지는 것도 있지만, 파동 방정식처럼 함수로 표현되는 해를 가지는 것도 있습니다. 그리고 일반적으로 하나의 파동 방정식에서 얻을 수 있는 파동 함수는 무수히 많습니다. 북을 두드리는 소리와 기타 줄을 퉁기는 소리는 각기 다르며, 따라서 각기 다른 파동 함수로 기술됩니다. 피아노, 호른, 가수의 노랫소리, 자연의 소리부터 인공 음, 잡음 등 온갖 소리에 대응하는 각기 다른 파동 함수가 존재합니다. 그리고 모든 파동 함수는 소리의 파동 방정식을 만족시키는 해입니다.

소리의 파동 함수는 시간과 위치에 따른 기압의 변화를 나타내지만, 빛의 파동 함수는 시간과 위치에 따라서 전기장과 자기장이 어떻게 변하는지를 나타냅니다. 그리고 빛의 파동 함수는 빛의 파동 방정식의 해입니다. 마찬가지로 지진의 파동 함수는 지면의 진동을 나타내며 지진의 파동 방정식의 해입니다. 중력파의 파동 함수는 시공간의 왜곡을 나타내며 중력파의 파동 방정식의 해입니다. 요컨대 파동은 파동 함수로 표현되어 파동 방정식을 만족시킵니다.

### 전자의 파동 함수는 무엇을 나타낼까?

그렇다면 슈뢰딩거가 고안한 전자의 파동 함수는 과연 무엇을 나타내는 것일까요? 사실 슈뢰딩거 본인도 파동 방정식을 떠올리긴 했으나 그것이 무엇을 의미하는지는 몰랐습니다. (플랑크상수가 무엇을 의미하는지 몰랐던 플랑크의 이야기가 떠오르지요. 이처럼 양자역학을 구축한 사람들은 미시 세계의 물리 법칙이 의미하는 바를 일일이 더듬으며 해석해야만 했습니다.)

그런데 (하이젠베르크와 공동으로 행렬역학을 발표한) 막스 보른이 대번에 그 의미를 알아차렸습니다. 보른은 전자의 파동 함수(의 절댓값의 제곱)가 나타내는 것은 전자가 그 위치에 존재할 확률(정확하게는 확률의 밀도)이라고 해석했습니다. 즉, 파동 함수가 큰 지점은 전자가 존재할 확률이 높고, 파동 함수가 작은 지점은 확률이 낮습니다.

하이젠베르크의 행렬역학과 슈뢰딩거의 파동역학에 이어 보른이 파동 함수의 확률 해석을 제창함으로써 양자역학이 완성되었습니다. 1925년부터 1926년에 걸친, 불과 1~2년 사이에 일어난 일입니다. 보른은 이 공적을 인정받아 1954년에 노벨 물리학상을 받았습니다. (참고로 하이젠베르크도 슈뢰딩거도 플랑크도, 양자역학에 공헌한 과학자들은 모두 노벨 물리학상을 받았는데, 지금까지의 등장인물 가운데 파스쿠알 요르단만 상을 받지 못했습니다. 혹시 요르단이 나치의 사상에 심취하여 돌격대에 입대했던 일이 노벨상의 이념에 반하기 때문이었을까요?)

이제 양자역학은 그 이전의 물리학이나 과학과는 근본부터 다른 체계라는 사실이 확실해졌습니다. 양자역학은 확률로 관측 결과를 예측하는 학문이었습니다. (이것은 너무도 충격적이어서 당시에는 인정하지 못하는 연구자도 많았습니다. 아인슈타인도 그중 한 사람이었습니다.)

## 파동 함수의 확률 해석이란?

양자역학의 원리는 '미시적인 물체의 물리량은 측정해 보지 않고서는 무엇이 나올지 모른다'는 알쏭달쏭한 이야기를 합니다. 그래서 설명을 들어도 명확히 이해되는 기분이 들지 않고 안갯속을 헤매는 듯한 느낌이 항상 따라옵니다. 그러니 양자 역학을 이해하지 못하더라도 실망하지 말기 바랍니다. 정상이니까요.

소리의 파동 함수는 우리에게 한 지점의 기압을 알려 줍니다. 그 위치의 기압을 측정해 파동 함수로 계산한 값과 비교하면 똑같습니다. 명확하지요?

한편, 전자의 파동 함수(의 절댓값의 제곱)는 어떤 위치에 전자가 존재할 확률을 보여 줍니다. (그 밖에도 여러 가지 정보를 알려 주지만, 우선은 확률에 관해서 설명하겠습니다.) 가령 한 위치에 전자를 검출하는 장치를 두고 관측하면 거기에 전자가 '있다' 또는 '없다' 하는 결과를 얻을 수 있습니다. '있다'는 결과가 나오면 전자의 위치를 알 수 있는 셈이므로, 관측 결과는 곧 전자의 위치 정보가 됩니다. ('없다'고 나오면 다른 위치에 있다는 걸 알 수 있으므로, 이것 역시 나름의 위치 정보입니다.)

파동 함수(의 절댓값의 제곱)가 큰 곳에서는 전자가 검출될 확률이 높고, 작은 곳에서는 검출될 확률이 낮습니다. 이 말은 파동 함수의 값 자체가 곧 관측값은 아니라는 뜻입니다. 확률로 관측 결과를 예측한다는 말이 바로 이 뜻입니다.

# 광속보다도 빠른 '파동 함수의 붕괴'

소리의 경우는 기압을 측정한다고 해서 소리의 파동 함수가 변하지 않습니다. 이것도 명확하지요?

하지만 전자는 위치를 관측하면 파동 함수가 달라집니다. 양자역학에서는 관측(측정)하는 행위가 관측되는 대상의 상태를 변화시킵니다. 이것을 '파동 함수의 붕괴wave function collapse'라는 좀 이상한 말로 표현합니다.

측정하기 전에는 공간에 퍼져 있던 파동 함수가, 검출기로 전자의 위치를 확인하자마자 바로 그 지점에 매우 가깝게 훅 몰려버립니다.

파동 함수의 붕괴는 고전 물리학에는 없는 양자역학 특유의 규칙이자, 고전 물리학을 초월하는 현상입니다. 파동 함수가 공간에 고루 퍼져 있더라도, 설령 그 공간의 거리가 몇 광년씩 되더라도, 한 위치에서 전자를 검출하는 순간, 공간 전체에 퍼져 있던 파동 함수는 곧바로 붕괴해 전자가 검출된 바로 그 지점으로 훅 몰리는 것입니다. 여기서 곧바로 붕괴한다는 게 어느 정도로 빠른가 하면, 파동 함수의 붕괴는 광속보다도 빠르게 일어납니다. 아니, 광속보다 빠른 건 없다고 했는데, 이 무슨 뚱딴지같은 소리냐고요?

## [그림 4-1] 전자의 파동 함수

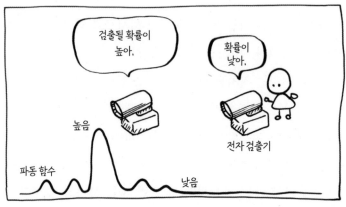

전자의 파동 함수(의 절댓값의 제곱)는 그 위치에 전자가 존재할 확률을 나타낸다.

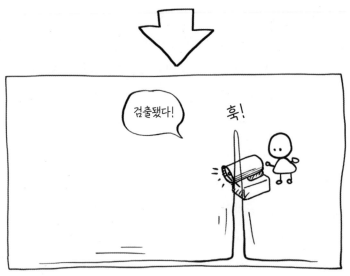

전자의 위치를 측정하면 파동 함수가 붕괴해 전자의 위치가 바로 그 지점으로 특정된다.

## 측정 문제를 이해할 한 가지 아이디어

'파동 함수는 왜 관측하면 붕괴하는가?' 하는 수수께끼는 측정 문제measurement problem라고 불리며 양자역학이 시작된 이후부터 계속해서 논의되고 있습니다.

파동 함수가 기압이나 전자기장처럼 어떤 물질(예를 들면 전자)의 상태나 성질을 나타낸다고 생각하면 이처럼 비상식적인 변화가 도저히 이해되지 않아서 머리만 쥐어뜯게 됩니다. 하지만 '파동 함수는 관측자가 얻은 정보를 나타낸다'고 해석하면 '뭐, 그렇다면 아주 이상하진 않군' 하는 기분도 듭니다.

이게 무슨 소리냐고요? 파동 함수가 공간 전체에 퍼져 있다는 말은 전자가 어느 위치에 있는지 모르는 상태(정보가 없는 상태)를 뜻합니다. 검출기(관측자)가 전자를 검출하면 그 자리에 전자가 있다는 '정보'를 얻게 됩니다. 이때, 퍼져 있던 파동 함수가 그 위치로 수렴하는데, 이것은 관측자가 정보를 얻은 상태를 표현하는 것이라는 논리입니다. 즉, 관측자가 전자의 위치를 알게 되는 순간(정보를 얻는 순간), 전자는 그 위치에 존재하게 되며(파동 함수의 붕괴), 정보 습득은 관측자에게서 일어난 일이므로 특정 물질이 광속보다 빠르게 휙 이동하는 것은 아니라는 해석입니다.

파동 함수는 관측자가 얻은 정보를 나타낸다는 해석에 동의

하는 사람이 점점 늘고 있는 듯합니다. 어쩌면 이 아이디어가 가설로서 양자역학 교과서에 실리게 될지도 모르겠군요.

## 이 세상의 근본적인 불확정성

잠시 플랑크상수를 잊고 있었습니다. 이쯤에서 다시 플랑크상수를 꺼내 봅시다. 플랑크상수 $h$는 이 세상의 근본적인 불확정성uncertainty을 나타냅니다. 불확정성이란 무엇일까요?

양자역학은 미시적인 물체의 위치나 에너지나 운동량과 같은 물리량의 측정 결과를 확률로 예측합니다. 즉, 실제로 측정하면 이런 값도 저런 값도 나올 가능성이 있다는 말인데, 이 값들은 일정한 범위에 퍼져 있습니다. 이렇게 측정해서 나올 수 있는 값들이 퍼져 있는 범위를 '불확정성'이라고 부릅니다.

불확정성은 미시적인 물체의 상태에 따라서 커지기도 작아지기도 합니다. 예를 들어 실내 어딘가에 있는 미시적인 물체의 위치를 측정한다고 생각해 봅시다. 양자역학으로 예측한 결과, 그 물체는 벽에서 거리가 5~6cm인 범위에서 발견될 것이라고 한다면 위치의 불확정성은 1cm입니다.

한편, 그 물체의 상태가 달라져서 벽에서 거리가 5~6m인 범위에 있을 것이란 예측이 나온다면 위치의 불확정성은 1m가 됩니다. 앞선 예시의 100배입니다.

또 특수한 상태에서는 그 물체가 반드시 벽에서 거리가 5.25cm인 자리에 있을 거란 예측도 나올 수 있는데, 같은 상태의 물체를 여러 개 준비해서 조건이 충족되는 모든 자리에 놓고 측정하면, 측정했을 때 5.25cm인 자리라는 결과에 모두 맞춰지므로, 이 경우의 불확정성은 0입니다.

하지만 무언가를 측정할 때마다 조금씩 다른 값이 나오는 것은 미시적인 물체에만 해당하는 이야기가 아닙니다. 고정이 쉽게 안 되는 측정 장치를 사용하거나 눈금을 눈대중으로 읽는 경우는 더더욱 그럴 수밖에 없겠지요. 이러한 경우도 불확정성을 가졌으니 양자역학적이라고 말할 수 있을까요? 이런 거시적인 불확정성은 측정 장치나 측정 방법을 개량하면 점차 줄일 수 있습니다.

그러나 양자역학적인 불확정성은 측정 장치가 아니라 미시적인 물체의 상태에 따라 결정되므로, 아무리 측정 장치나 측정 방법을 개량해도 줄일 수 없습니다.

## 하이젠베르크의 불확정성 원리

미시적인 물체의 불확정성에는 일상에서 마주치는 불확정성과 본질부터 다른 구석이 또 있습니다. 바로 두 개의 물리량을 측정하는 경우에 미시적인 물체가 보이는 '행동'입니다.

미시적인 물체의 두 가지 물리량, 가령 위치와 운동량을 측정한다고 생각해 봅시다. ('운동량'은 물체의 질량과 속도를 곱한 양으로, 운동하는 물체가 얼마나 힘찬지를 나타내는 데 씁니다.) 결과부터 이야기하자면 위치와 운동량의 불확정성은 동시에 줄일 수 없습니다. 바꿔 표현하면 위치와 운동량은 동시에 정확하게 측정할 수 없다는 말입니다. 한쪽의 불확정성이 작아지도록 물체의 상태를 조정하면 다른 한쪽의 불확정성이 커지기 때문입니다.

구체적으로(구체적이라고 했지만 상당히 추상적인) 실내를 떠도는 미시적인 입자에 빛을 쏘아, 그 반사광을 포착해서 입자의 위치를 측정하는 실험을 생각해 봅시다. 입자의 운동량은 실험 전에 다른 방법으로 측정을 마쳐 두었다고 칩시다. 그러면 이 실험에서 위치를 정밀하게 측정해 낸다면 운동량과 위치 모두 측정하게 되는 셈입니다.

그런데 빛은 광자라는 알갱이이므로 운동량을 가집니다. 관측할 입자가 광자와 충돌하면 운동량이 변할 테니, 되도록 그 변화가 적게끔, 작은 운동량을 가지게 만든 한 개의 광자만 대상 입자에 살짝 맞혀 보겠습니다. 어쨌거나 이 측정으로 대상 입자의 운동량에는 광자 한 개의 운동량만큼 불확정성이 발생합니다. (반사되어 돌아온 광자의 운동량을 측정하면 대상 입자에 운동량을 얼마나 주고 돌아왔는지 알 수 있지 않을까 생각한 사람도 있을지

4장. 플랑크상수 $h$로 이해하는

모르겠습니다. 그러나 반사되어 돌아온 광자의 운동량을 측정할 경우에는 해당 광자의 위치와 운동량을 동시에 정밀하게 측정해야 하는 문제가 발생하므로, 결국 이 실험의 결론은 바뀌지 않습니다.)

이렇게 반사되어 돌아온 광자의 위치를 측정해 대상 입자의 위치를 측정하는 것이 이 실험의 목표입니다. 그런데 광자는 입자이면서 파동이기도 합니다. 파동은 파장을 가집니다. 파장은 파동의 마루(꼭대기)와 다음 마루까지(또는 골(바닥)과 다음 골까지)의 거리를 말하는데, 원리적으로 파동의 위치는 파장보다 더 상세하게는 측정할 수 없습니다. 따라서 대상 입자의 위치도 파장 정도의 정밀도로밖에는 측정할 수가 없습니다.

결국, 대상 입자의 위치와 운동량의 측정 결과에는 광자 하나의 파장과 운동량만큼의 불확정성이 생겨납니다. 불확정성을 이보다 더 작게 만들 수는 없습니다.

여기에 더해, 광자의 파장이 짧아지면 운동량은 커집니다. 만약 입자의 위치를 정확하게 측정하고 싶어서(위치의 불확정을 줄이고 싶어서) 파장이 짧은 광자를 쏘았다면, 그 광자는 큰 운동량을 가졌을 것이므로 입자의 운동량이 크게 변합니다. 반대로 운동량의 영향을 최소화하려고(운동량의 불확정을 줄이려고) 운동량이 아주 작은 광자를 쏘았다면, 그 광자는 긴 파장을 가졌을 테니 그만큼 측정된 위치가 정밀하지 못합니다.

실험 결과를 정리해 봅시다. 미시적인 물체의 위치와 운동량을 동시에 정확하게 알 수는 없습니다. 이것이 양자역학의 원리입니다. 그리고 어찌어찌 알맞은 광자를 골라서 불확정성을 줄일 수 있는 만큼 줄였다 하더라도 그 광자 하나의 파장과 운동량만큼의 불확정성이 반드시 생깁니다. 불확정성을 이보다 더 줄일 수는 없습니다.

이 고찰을 살짝 수학적으로 표현해 보면,

"위치의 불확정성과 운동량의 불확정성의 곱을 플랑크상수 $h$ 보다 작게 만들 수는 없다."

라는 말로 정리됩니다. 이것을 '하이젠베르크의 불확정성 원리'라고 합니다. 1927년에 하이젠베르크가 제창했습니다.

## 플랑크상수는 이 세상을 그려 내는 픽셀의 크기

일상생활 중에는 불확정성을 따질 일이 별로 없습니다. 정당 지지율이나 코로나바이러스 감염자 비율, 수험생의 합격률 같은 측정값이 원래는 모두 불확정성을 가지는 것들이지만, 이런 일에 일일이 불확정성을 따지는 사람은 거의 없습니다. (불확정성이나 불규칙 변동, 오차 등을 주의해서 살펴보면 언론이 붙인 타이틀과는 실상이 정반대임을 읽어 낼 수 있는 경우도 종종 있는데 말이지요.)

양자역학의 해설이 속 시원하게 와닿지 않는 이유 중 하나는 불확정성처럼 '이럴 수도 있고, 저럴 수도 있는' 문제를 너무 중요하게 논의하고 있기 때문이 아닐까 하는 생각도 듭니다. 불확정성 원리는 양자역학의 중요한 원리로, (우리가 느낄 수도 없는) 매우 미세한 값이 어떻게 해도 정확하게 정해지지 않는다는 주장입니다. 가끔은 "그게 그렇게 큰 문제야?"라고 되묻고 싶어집니다.

앞에서 위치의 불확정성과 운동량의 불확정성의 곱은 플랑크상수 $h$보다 작게 만들 수 없다고 했지요. 이 말을 달리 표현하면 불확정성은 이 세상을 보여 주는 픽셀pixel(화소)과 같다고 할 수 있습니다.

디스플레이에 나타나는 그림과 영상은 얼핏 보면 미세한 특징까지 부드럽게 잘 표시하고 있는 것 같지만, 확대해서 보면 픽셀이라는 작은 구획들이 모여 이미지를 이루고 있는 것이 보입니다. 디스플레이의 세계에서 픽셀보다 작은 구조는 담아낼 수 없습니다.

현실 세계도 디스플레이와 비슷해서, 얼핏 보면 연속적이고 부드럽게 느껴지지만, 사실은 미시적인 픽셀로 이루어졌다고 할 수 있습니다. 그 픽셀들보다 미세한 구조는 어떤 측정 장치를 이용해도 읽어 낼 수 없습니다. 플랑크상수 $h$는 현실 세계를 그려 내는 픽셀의 크기인 셈입니다.

## 플랑크상수는 회전운동량의 양자다

플랑크상수와 양자역학은 인류의 이해 능력에 끊임없이 달려들어 어디 한번 이해해 보라며 충격을 안깁니다. (그런데도 어찌어찌 양자역학을 잘 다루고 있는 인간의 두뇌 또한 대단하지요.) 양자역학 수업의 비교적 초반에 등장해서 도무지 이해가 안 되는 비상식적인 특징을 뽐내며 초보 학습자들에게 충격을 주는 개념 중에 '스핀spin'이라는 것이 있습니다.

스핀에 관해서 설명할 때는 어떤 참고서든 교육자든 간에 "자전 같은 건데…… 자전은 아니고……", "왼쪽으로 회전하거나 오른쪽으로 회전하거나 하는데…… 실제로 회전을 하는 건 아니고……", "$z$가 결정되면 $x$가 불확정이 되어서……"와 같이 도통 알아들을 수 없는 말들을 하곤 합니다. 그만큼 스핀의 신비는 상상을 초월합니다. 스핀이 가진 논리와 정보는 우리가 기존에 알던 논리와 정보와는 전혀 다른 무엇입니다.

거시적인 역학에서는 회전하는 물체가 얼마나 힘찬지를 '회전운동량'이라는 물리량으로 나타냅니다. 회전운동량은 물체의 회전 속도가 빠를수록 크고, 또 물체의 질량이 크면 회전운동량도 커집니다. 이것은 직관적으로 이해할 수 있습니다.

회전운동량은 kg이나 m/s를 써서 계산한 'J·s(줄초)' 단위로 표시합니다. 플랑크상수와 단위가 같습니다. 그래서 회전운동량의 크기는 '플랑크상수의 몇 배'로 나타낼 수 있습니다. 회전운동량의 단위와 플랑크상수의 단위가 같은 것은 우연의 일치라기보다는 물리의 심오함이 표출된 것이 아닐까 싶습니다. 어떤 심오함인지 함께 살펴봅시다.

플랑크상수 $h$ = 6.62607015×10$^{-34}$J·s입니다. 이것은 소수점 아래로 0이 쭉 이어지다가 34번째 자리에서 처음으로 0이 아닌 숫자가 나오는, 극단적으로 작디작은 값입니다. 그래서 일상에서 관찰할 수 있는 물체의 회전운동량을 플랑크상수의 몇 배로 나타내면 극단적으로 거대한 수치가 나옵니다. 인체가 살며시 한 번 회전하는 정도의 작은 운동량이 플랑크상수의 10$^{34}$배 정도입니다.

물론 작은 물체가 도는 경우라면 회전운동량의 값이 이보다 작아집니다. 플랑크상수의 10$^{34}$배 등과 같은 터무니없는 자릿수를 가지던 값도, 분자나 원자 정도의 작은 물체에서는 감당할 만한 정도의 자릿수가 됩니다.

그리고 이렇게 되면 양자역학이 끼어듭니다.

사실 회전운동량이라는 물리량의 값은 연속적으로 존재할 수 없습니다. 물체의 회전운동량은 반드시 플랑크상수(를 4π로 나눈 값)의 정수배가 되어야 합니다. ('4π로 나눈 값'은 본질적인 이야기가 아니어서 이후로는 일일이 붙이지 않고 잊을 만하면 한 번씩 쓰겠습니다.) '플랑크상수의 몇 배'라고 쓸 때, '몇'에는 정수만 들어

갈 수 있습니다. 물체의 회전운동량(이 있는 방향 성분)은 0이 되기도 하고, 플랑크상수와 같아지기도 하며, 그 2배, 3배 등의 정수배가 되기도 합니다. 그러나 플랑크상수의 0.5배나 1.1배나 3.14배가 되는 일은 없습니다. 즉, 회전운동량의 기본량, 그러니까 회전운동량의 양자는 플랑크상수입니다.

이것은 관측 사실입니다. 세상이 그렇게 만들어져 있습니다.

## 상상을 초월하는 '스핀'의 개념

전자라는 한 개의 입자도 회전운동량을 가집니다. 거시적인 물체, 예컨대 인체는 뒤로 돌아서거나 춤추면서 빙글 회전할 때 회전운동량을 가집니다. 이것을 자전에 비유할 수 있겠군요. 그렇다면 전자도 뒤로 돌거나 자전하면 회전운동량을 가지게 될까요? 그럴 것 같다는 느낌이 들기도 하지만, 전자의 회전운동은 거시적인 물체의 회전운동과 결정적으로 다른 특징이 있습니다.

전자는 자전을 멈추는 일이 없습니다. 상황에 따라 평소보다 더 많이 또는 적게 도는 일도 없습니다. 늘 자전 중입니다. 그 회전운동량의 크기는 언제 측정해도 기본량, 즉 플랑크상수(를 4π로 나눈 값)입니다.

다만 자전 방향에는 변화가 일어납니다. 전자 한 개의 회전

## [그림 4-2] 전자의 스핀

전자의 스핀      V.S.      거시적인 물체의 자전

스핀은 늘 일정하다.      회전 속도는 빨라지기도<br>느려지기도 한다.

역방향으로 회전 가능.      멈출 수 있는 것은<br>거시적인 자전뿐.

운동량을 측정하면, 왼쪽으로 회전하는 플랑크상수 또는 오른쪽으로 회전하는 플랑크상수 중 한 가지를 얻을 수 있습니다. (회전 방향을 구분하기 위해 +와 − 부호를 사용합니다.)

이렇듯 거시적인 물체의 자전과는 성질이 전혀 다른, 전자의 자전을 나타내는 물리량을 '스핀'이라고 부릅니다. 전자뿐 아니라 광자, 양성자, 중성자 등 미시 세계의 입자들은 모두 스핀이라는 물리량을 가집니다. 스핀의 크기는 입자의 종류에 따라서 다른데, 양성자와 중성자는 전자와 같은 크기이고, 광자는 그 2배입니다. (힉스 보손처럼 스핀이 0인 입자도 있습니다.) 스핀의 크기는 언제 측정해도 같지만, 방향은 측정할 때마다 바뀝니다.

이렇게 정리해 놓고 보니, 입자의 스핀을 측정했을 때 회전 방향이라는 정보를 얻을 수 있는 이유는, 그것이 입자로부터 얻을 수 있는 정보의 기본량이기 때문이 아닐까 하는 생각이 드는군요. 곧 플랑크상수(를 $4\pi$로 나눈 값)가 이 세상 정보의 기본량이라는 말이지요.

## 비트와 큐비트

좀 전에 '정보'라는 단어가 또 등장했습니다. 양자역학에서 정보는 중요한 연구 대상입니다. 양자역학은 측정과 관측에 관한 물리학인데, 측정과 관측은 대상에서 정보를 얻는 행위이기 때문입니다.

우리에게 친숙한 비양자역학적인 상식에 따르면 정보량의 최소 단위(기본량)는 비트bit입니다. 물리학의 세계에서 양자역학이 아닌 것은 '고전'이라는 말을 붙여 부르니 이것도 고전 비트라고 부를 수 있습니다. 그러나 일반적으로는 그냥 비트라고 부릅니다.

어떤 질문에 '예' 또는 '아니요'로 대답할 때 그 답이 가지는 정보의 양이 1비트입니다. 'YES' 또는 'NO'가 가지는 정보량이기도 하며, '0' 또는 '1'이 가지는 정보량이라고 말해도 좋습니다. 질문에 딱 한 번 '예' 또는 '아니요'로 대답하는 경우, 한 번에 대단한 정보를 보낼 수는 없지만 이것을 여러 번 거듭하면 상당한 양의 정보를 보낼 수 있습니다.

예를 들어 살인 사건의 범인을 잡기 위해서 목격자에게 질문을 한다고 가정해 봅시다. 이 증인은 모든 질문에 '예' 또는 '아니요' 말고는 대답하지 못하는 사람입니다. (대단히 특이한 증인이지만 추리물 중에는 더욱 부자연스러운 설정도 많으니까요.) 탐정은 증인에게 '예' 또는 '아니요'로 대답할 수 있는 질문을 계속 던집니다.

"범인은 남자입니까?"

"서른 살 이상입니까?"

"중국인이나 인도인이나 미국인이나 인도네시아인이나 파키스탄인이나 나이지리아인입니까?"

이렇게 질문을 거듭해 가면 용의자 중에서 범인의 범위를 점점 좁혀 갈 수 있습니다. 용의자 절반이 해당되는 질문을 하면 증인의 답에 따라서 용의자가 절반으로 줄어들지요. 처음에 용의자가 80억 명이었다고 하더라도, 질문 한 번당 절반씩 석방하다 보면 33번째 질문을 마쳤을 때는 한 명밖에 남지 않습니다. 그러므로 33회의 '예' 또는 '아니요'만 있으면 80억 명의 용의자 중에서 범인을 특정할 수 있습니다. 바꾸어 말하면 33비트는 80억 명 중에서 단 한 명을 특정할 수 있는 정보량인 셈입니다.

정보는 이런 식으로 몇 개의 비트로 환산할 수 있습니다. 지금 여러분이 읽고 있는 이 문장 속의 한 글자 한 글자는 16비트입니다. 책 한 권을 약 10만 자로 어림잡으면 그 정보량은 160만 비트입니다. 개인용 컴퓨터나 스마트폰 등에 사용하는 통신 회선의 전형적인 속도는 초당 100만 비트 정도이므로, 저 같은 사람이 몇 달 혹은 몇 년에 걸쳐서 타이핑한 문장들을 단 몇 초 만에 전송할 수 있습니다. 그렇게 생각하니 몇 초 정도 무상함이 느껴지는군요.

4장. 플랑크상수 *h*로 이해하는

## 큐비트로 표현할 수 있는 기묘한 정보

고전 물리학이 정보를 어떻게 다루었는지 살펴봤으니, 이제 본격적으로 양자역학과 정보로 화제를 좁혀 보겠습니다.

물리 현상에서 정보를 얻을 때, 대상 물체가 작을수록 또는 그 수가 적을수록 정보량도 적어집니다. 그렇다면 더는 분해할 수 없는 기본 입자인 전자의 '스핀 방향'이라는 정보는 고전 물리학의 최소 정보량인 1비트와 같다고 볼 수 있을까요? 요즘처럼 컴퓨터와 그 부품을 점점 작게 만드는 기술이 계속 발전하다 보면 언젠가는 컴퓨터 메모리로 전자의 스핀을 이용하고, 스핀 방향이라는 정보를 1비트로 나타내는 미래가 올까요?

상상해 보면 가능할 것 같은 느낌이 들기도 하지만, 실제로 그렇게 될 일은 없습니다. 왜냐면 고전 비트와 전자의 스핀이 담당하는 정보의 성질이 완전히 다르기 때문입니다.

고전 비트는 '예' 아니면 '아니요' 이렇게 두 가지 값밖에 가질 수 없지만, 스핀 방향은 왼쪽과 오른쪽이 중첩된 상태도 가능합니다. 중첩 상태는 양자역학 특유의 현상인데, 여러 가능성을 동시에 갖는 상태를 뜻합니다. 그러니까 전자가 왼쪽으로 회전하는 동시에 오른쪽으로 회전하고 있기도 한 상태를 말합니다. 이른바 '예'인 동시에 '아니요'이기도 한 상태죠. 0인 동시에 1이기도 한 상태라고도 말할 수 있습니다.

만약 스핀을 컴퓨터의 메모리로 사용하면 이처럼 기묘한 정보들을 표현할 수 있습니다. 꼭 스핀이 아니더라도 양자역학적인 기본 상태를 채택하는 다른 장치를 사용하면 이러한 정보들을 표현할 수 있지요.

이렇게 양자역학적인 상태를 표현할 수 있는 정보의 최소 단위를 퀀텀 비트quantum bit(양자 비트), 줄여서 큐비트qubit라고 부릅니다. 아마도 1큐비트가 이 세상 정보의 진정한 최소 단위일 것으로 여겨집니다.

큐비트로는 그 유명한 '슈뢰딩거의 고양이'를 표현할 수 있습니다. 슈뢰딩거의 고양이란 양자역학의 신기한 효과를 설명하기 위해서* 상상해 낸, 거시적인 생물이지만 양자역학적으로 행동하는 고양이입니다. 상자 속에 갇힌 슈뢰딩거의 고양이는 죽어 있는 상태와 살아 있는 상태의 중첩 상태를 가집니다. 고양이가 살았는지 죽었는지는 상자를 열어서 관찰하기 전까지는 결정되지 않습니다.

살아 있는 동시에 죽어 있는 고양이를 고전 비트로 나타낼 수는 없지만, 큐비트는 고양이의 중첩 상태를 기록하고 계산할 수 있습니다. 나아가 두 개 이상의 큐비트가 조합되면 양자 얽

---

* 원래 슈뢰딩거는 상상 속 고양이를 예로 들어 '중첩 상태는 존재할 수 없다'는 것을 설명했다. 이 주장을 '슈뢰딩거 고양이의 역설'이라고 한다. 그런데 역설적이게도 오늘날 슈뢰딩거의 고양이는 중첩 상태를 설명하는 용도로 사용되고 있다.

4장. 플랑크상수 $h$로 이해하는

힘quantum entanglement이라는 양자역학 특유의 상관관계에 따라 더욱 복잡하고 비상식적으로 아름다운 거동을 보여 줍니다.

이러한 큐비트의 행동에 관한 연구들이 현재도 한창 진행되고 있습니다. 만약 큐비트를 채택한 '양자 컴퓨터'가 실현되면 중첩 상태를 이용해 많은 양의 정보를 동시다발적으로 처리할 수 있습니다. 그러면 극도로 복잡한 계산도 고속으로 해낼 수 있을 것입니다.

다만 큐비트 개수를 늘리는 것이 기술적으로 몹시 어려워서, 양자 컴퓨터가 실현되더라도 실제로 도움이 될 만한 수준의 결과물이 나오는 것은 제법 미래의 일일 거라는 전망이 우세합니다.

### 플랑크상수가 커지면 원자는 어떻게 될까?

플랑크상수 $h$의 값은 $6.62607015 \times 10^{-34}$J·s로, 10의 오른쪽 어깨에 -34라는 수가 붙어 있습니다. 이토록 작디작은 값은 우리가 보고 들을 수 있는 일상적인 물체의 물리량과 동떨어져 있습니다. 미시 세계의 물리 법칙과 일상의 물리 법칙이 완전히 다른 이유 중 하나가 바로 이 때문입니다.

그럼, 내일부터 플랑크상수가 지금보다 1,000배 커지면 어떻게 될지, 과연 어떤 양자 효과가 나타날지 상상해 볼까요?

플랑크상수 $h$는 원자와 분자의 구조를 결정하는 값이므로 $h$가 1,000배 커지면 미시적인 물체들의 모습이 완전히 변해 버릴 겁니다. 우선 원자와 분자의 크기는 100만 배가 되어서 0.1mm 정도로 확대됩니다. 0.1mm라면 우리 눈에도 보일 것 같은 느낌이 들지만, 아마 그렇진 않을 겁니다.

물체가 보이는 이유는 빛을 반사하고 있기 때문입니다. 특히 가시광선을 반사하기 때문에 우리 눈에 물체가 보이는 것이지요. 그런데 빛은 광자의 집합이며 $h$가 지금의 1,000배가 되면 광자 하나하나의 에너지도 1,000배가 됩니다.

원자와 분자의 크기가 커지면 원자핵과 전자의 거리가 멀어질 테고, 그러면 전자를 원자로 끌어당기는 전기력도 약해집니다. 크기가 커진 원자와 분자는 결합력이 약해져서 자극을 조금만 주어도 파괴되고 말 겁니다. 따라서 0.1mm 정도로 확대된 원자와 분자는 그보다 파장이 짧고 에너지가 높은 광자와 충돌해 파괴될 것이므로 우리 눈으로 볼 수 없을 겁니다.

## 1000억 번까지 늘어날 주기율표

원자와 분자는 쉽게 깨지지만, 원자의 중심에 있는 원자핵은 극히 안정됩니다. 원자핵은 양성자와 중성자가 달라붙어서 만들어지는데, 그 사이에서 풀 역할을 하는 입자가 안정되어서 풀의 접착력이 강해지기 때문입니다. 위치가 살짝 떨어진 양성자나 중성자도 풀의 효과로 착 달라붙습니다.

　주기율표에 나열된 원소들의 원자핵은 크고 무거울수록 불안정한 경향이 있습니다. 그래서 주기율표 아래쪽, 원자 번호가 큰 원소들은 불안정한 방사성 원소가 많습니다. 이런 원소가 불안정한 까닭은 원자핵 속에 양성자와 중성자가 많이 들어 있으면 풀의 접착력이 잘 듣지 않아 파괴되기 쉽기 때문입니다. 하지만 $h$가 1,000배로 커지면 양성자 수가 많은 커다란 원자도 안정적으로 존재할 수 있게 됩니다.

　대략 원자핵의 크기도 1,000배 정도까지 커지는 것으로 가정해 봅시다. 크기가 1,000배 커진 원자핵의 부피는 지금의 10억 배가 될 테니, 양성자를 1000억 개 정도 수용할 수 있겠군요. 원자 번호 1000억 번에 해당하는 원소가 존재할 수 있게 될지도 모릅니다.

　그렇게 되면 원소의 수가 너무 많아져서 개별 원소의 성질을 조사하거나 분류하기가 무척 어려워질 겁니다. 우리 주변에 있는 흙만 슬쩍 파 보아도 몇억 종류의 원소가 나올 테니까요. 그랬다면 원소 주기율표의 창시자인 드미트리 멘델레예프 Dmitrii I. Mendeleev(1834~1907)조차도 주기율표를 만들 엄두를 못 냈을 것입니다.

## 태양 질량보다 수만 배 큰 거성이 빛날 우주

크고 무거운 원자핵이 안정적으로 존재할 수 있다는 말은 원자핵끼리의 융합이 쉽게 일어난다는 의미입니다. 우주 공간의 희박한 가스가 중력으로 모여서 별의 형태를 이루면, 비교적 작은 가스 덩어리도 핵융합 반응을 거쳐서 항성이 됩니다.

현재 우리가 아는 별들의 질량에는 한계가 있고, 그보다 무거운 별은 자체 중력 때문에 찌그러져서 중성자별이나 블랙홀과 같은 초고밀도 천체가 됩니다.

하지만 $h$가 지금의 1,000배인 우주에서는 태양 질량의 수만 배나 되는 별들이 찌그러지지 않고 계속 존재할 수 있을 겁니다. 우리 우주에서는 블랙홀이 되어야 했을 무거운 별들이, 주기율표에 들어가지도 못할 만큼 원자 번호가 큰 원소를 내부에서 합성하며 빛날 것입니다.

플랑크상수가 커지면 원자핵은 융합만 하는 것이 아닙니다. 터널 효과tunnel effect라는 양자역학적 효과가 일어나기 쉬워지는데, 이것은 원자핵을 이루고 있는 입자가 풀의 접착력을 무시하고 원자 밖으로 튀어나가는 현상을 말합니다. 즉, 터널 효과는 원자핵이 분해되는 쪽으로 작용합니다. 따라서 플랑크상수가 커지면 원자핵의 융합과 분열이 모두 쉽게 일어날 것으로 예상할 수 있습니다.

그런 우주에서는 지금처럼 미약한 화학 반응보다는 원자핵이 일으키는 핵반응이 훨씬 다채롭고 복잡하게 일어날지도 모르겠군요. 완전한 공상이지만 그런 우주에서 생명이 발생한다면, 어쩌면 그들은 분자 대신에 결합하는 원자핵으로 몸을 만들어서 화학 반응이 아닌 핵반응으로 생명 활동을 유지할지도 모릅니다.

## 세계의 정보량 감소

3장에서 기본전하량 $e$를 이야기할 때도 $e$의 값이 변하면 원자와 원자핵이 어떻게 될지 상상해 보았는데, 여기서 또 비슷한 걸 상상했다고 생각한 독자도 있을까요? 원자와 원자핵의 성질은 $e$와 $h$ 등 다양한 보편 상수의 값에 따라 정해지므로, 이것들의 값이 변하면 당연히 영향을 받습니다. 그러나 플랑크상수의 변화가 미치는 영향은 원자, 원자핵, 분자, 광자 등의 성질만 바꾸어 놓는 데서 그치지 않습니다.

플랑크상수는 이 세상을 써 내려가는 정보의 기본량 또는 픽셀과 같은 상수입니다. 플랑크상수가 지금보다 커지면 물체에서 끄집어낼 수 있는 정보량이 적어지고, 그 상태는 조잡한 해상도로밖에는 나타낼 수 없게 됩니다. 다르게 표현하면 물체가 가질 수 있는 상태의 수가 감소한다고도 할 수 있습니다.

물체가 가질 수 있는 상태의 수란 어떤 의미일까요? 용기 안에 든 기체를 생각해 봅시다. 기체는 무수한 기체 분자로 이루어졌습니다. 1L가량의 용기 안에도 $10^{23}$개 정도의 분자들이 있는데, 이들은 마구 날아다니거나 서로 부딪히면서 운동하고 있습니다.

이 기체 분자들의 사진을 한 장 찍는다고 가정해 봅시다. 카메라 성능이 아주 좋아서 모든 분자의 위치와 속도(운동량)를 기록할 수 있습니다. 그 사진에는 $10^{23}$개의 기체 분자들이 마구 날아다니고 서로 부딪히는 상태가 찍힐 겁니다.

이어서 한 장 더 찍어 볼까요? 이번에는 각각의 기체 분자가 위치와 속도를 바꾼 사진을 찍을 수 있을 겁니다. 이것은 아까와 다른 상태의 사진입니다. 또 한 장 더, 다시 한 장 더⋯⋯ 이렇게 계속해서 사진을 찍어 봅시다. 그러면 상태가 각기 다른 사진을 모두 몇 장이나 찍을 수 있을까요? 답은 약 10의 '10의 24제곱' 제곱, 즉 $10^{(10^{24})}$장입니다. 상태가 저마다 다른 사진은 이 매수까지밖에 못 찍습니다. 이것이 용기 안 기체의 상태의 수입니다.

이 매수 이상으로 사진을 더 찍으면 그 전까지 찍은 $10^{(10^{24})}$장의 사진 중 하나와 구별할 수 없는 사진이 찍힐 겁니다. 왜냐면 분자의 위치와 속도는 플랑크상수라는 불확정성을 가지기 때문입니다. 픽셀이 크고 해상도가 조잡한 사진으로는 인물을 잘 구별할 수 없는 것처럼, 용기 속 기체의 상태는 이보다 더 자세히 구별할 수 없습니다. 이것은 카메라 성능의 한계가 아니라, 용기 속 기체가 가지는 성질입니다. 이 세계의 픽셀은 플랑크상수만큼의 크기를 가지므로 그것보다 미세한 차이는 존재하지 않는 겁니다.

여기서 $h$의 값이 지금의 1,000배로 커지면 찍을 수 있는 사진의 매수가 훅 줄어 버립니다. 기체 분자가 가질 수 있는 상태의 수가 줄어들어서 기체가 가지는 정보가 적어지는 것이죠. 수학적으로 표현하자면 $h$가 커지면 상태의 수는 '지수 함수적'으로 감소합니다. 좀 더 자주 쓰는 말로 하면 기하급수적으로 감소합니다. 정보량을 빼앗긴 기체는 지금보다 훨씬 단순하고 예상 가능한 규칙을 가진 결정이 될 겁니다.

이 세상의 정보량이 줄어들면 어떤 일이 일어날까요? 어쩌면 생명체는 활동할 수 없게 될지도 모릅니다. 생명체는 끊임없이 정보(엔트로피)가 떠돌다가 버려지는 환경에서 생명 활동을 유지하고 있기 때문입니다.

지금까지 $c$나 $G$나 $e$가 달라진 우주를 상상할 때는 그런 곳에서도 생명은 어떻게든 나고 자라며 살아갈 거라 낙관했습니다. 하지만 $h$가 지금과 다른 세상에서만은 상황이 여의치 못할 수도 있겠다는 생각이 듭니다.

물론 $c$, $G$, $e$, $h$는 모두 이 우주의 형태를 이루고 있는 '기초'

이므로 무엇 하나라도 변하면 우주의 모습은 격변할 겁니다. 하지만 그중에서도 플랑크상수 $h$가 변하는 일은 특히 더 근본적인 문제로 연결됩니다. 이 값이 변한다면 태초에 우주가 빅뱅을 거쳐서 태어날 수나 있었을지조차 확신할 수 없습니다. 왜냐면 우리 우주가 생겨날 때 양자역학적 효과들이 잔뜩 쓰였기 때문입니다. ($G$가 변하는 것도 $h$와 비슷한 수준으로 위험할 듯하지만, $e$와 $c$의 값은 조금 변해도 나름의 우주가 탄생할 것 같은 느낌이 듭니다.)

인류는 아직도 플랑크상수의 진정한 의미를 이해하지 못했습니다. 그러니 그 영향을 평가하는 것은 조금 성급한 일일지도 모릅니다. 플랑크상수가 의미하는 바를 알고자 하는 인류의 탐구는 계속해서 이어질 것입니다.

cGeh

# 4대 물리상수로
# 정의한 기본 단위

## 단위는, 물리상수의 몇 배인지를 나타낸 것

　미터(m), 킬로그램(kg), 초(s)와 같은 단위는 물리량을 측정하는 표준(통일된 기준)입니다. 알고 보면 단위는 물리상수와 떼려야 뗄 수 없는 관계를 맺고 있으며, 물리상수의 일종이기도 하지요. 그러니 단위는 이 책의 다섯 번째 주인공이라고 할 수 있습니다.

　우리가 미터 단위로 길이를 재는 것은 이 길이가 물리상수 '1m'의 몇 배인지를 확인하는 것입니다. 질량을 재는 것은 물리상수 '1kg'의 몇 배인지를, 시간을 재는 것은 물리상수 '1초'의 몇 배인지를 보는 것이죠.

　다만 1m나 1kg이나 1초는 우주 어디에서나 변하지 않는 보편 상수는 아니고, 인간이 마음대로 정한 양입니다. 단위의 역사를 뒤돌아보면 사람들이 내키는 대로 정했던 단위가 점차 지구 어디에서나 통하는 공통의 단위가 되었습니다. 단위를 약속하는 기준도 자ruler나 저울추 같은 것에서 정밀한 실험 장치를 이용한 정의로 바뀌어 갔습니다.

이러한 경향으로 미루어 보면 미래에는 우주의 이웃 지성들과 공통으로 사용할 수 있는 단위가 받아들여져서 쓰일지도 모르겠습니다. 과연 어떤 단위가 쓰이게 될까요? 상상만으로도 즐겁습니다.

## 미터의 탄생

현재 세계 여러 나라에서 쓰고 있는 미터법은 1790년, 혁명이 한창이던 프랑스에서 제정되었습니다. 오래된 체제를 타도하고 새로운 시스템으로 바꾸고자 하는 기운이 정치뿐 아니라 과학의 세계에도 만연했습니다. 그런 만큼 길이의 새로운 단위는 누군가의 발이나 손의 길이를 기준으로 하지 않고, 지구의 경선이라는 국제적이고 과학적인 기준을 사용하는 것이 당연했습니다.

프랑스 과학아카데미의 측량대는 혁명으로 들썩이는 프랑스를 횡단하며 각지에서 측량을 진행했고, 그 결과를 바탕으로 경선의 길이를 구해서 세계 최초로 1m에 해당하는 자를 제작했습니다. 백금으로 견고하고 멋지게 만든 초대 '미터원기'입니다. 아울러 미터원기와 똑같은 재료로 1kg에 해당하는 저울추인 '킬로그램원기'도 함께 만들었습니다.

원기prototype란 '표준의 우두머리'입니다. 미터법을 따르는 세상의 모든 자는 미터원기를 표준으로 삼아 그것을 복제해서 만듭니다. 자의 모양이 미터원기를 닮을 필요는 없지만 눈금은 똑같이 만들어야 합니다.

당시 과학의 정수를 모아 완성했던 미터원기와 합리적이고 편리한 미터법은 오랜 세월과 우여곡절 끝에 전 세계로 보급되어, 지금은 대다수 국가와 지역에서 쓰이고 있습니다. 미터원기가 쓰이지 않는 곳은 미터법을 사용하지 않는 미국 등 일부 국가 및 지역뿐입니다. (미국인들도 과학 계산을 할 때는 미터법을 쓰지만, 일상생활에서는 '야드파운드법'을 주로 사용합니다. 길이는 야드, 무게는 파운드 단위를 쓰는 것이죠.)

미터법이 지금처럼 보급되기까지의 여정은 평탄하지만은 않았습니다. 프랑스 혁명 후, 국가 권력이 일관성 없이 휘둘림에 따라 미터법은 꺼려지거나 무시되기도 했습니다. 전 세계 과학자들이 미터법의 편리함을 깨닫고, 약 100년 후에 미터협약meter convention을 체결하면서, 국제적인 상거래에 사용할 공식 단위계로 미터법을 채용할 때까지의 이야기를 풀어놓자면 따로 책 한 권이 필요합니다.

5장. 4대 물리상수로 정의한

측량 기기를 사용해 정밀하게 측정한 현재의 수치에 따르면 경선의 절반 길이는 정확히 2만 km가 아니라 그보다 3,932m 더 길다고 합니다. 프랑스 과학아카데미는 경선의 길이를 0.01966%가량 적게 보았던 셈입니다. 당시의 기술로 고작 이만큼의 오차밖에 나지 않았다니 매우 훌륭한 업적입니다.

## 측정 기술의 진보에 따라잡힌 미터원기

길이의 단위 미터는 처음에 지구를 기준으로 만들어졌습니다. 하지만 지금 미터의 정의는 광속과 깊이 얽혀 있습니다.

광속 측정의 역사를 다시 떠올려 봅시다. 만약 지구의 운동 속도가 영향을 미쳐 광속을 변화시킨다면, 1887년 마이컬슨·몰리의 실험에서 그 징후가 검출되었을 겁니다. 그랬다면 지구가 태양 주변을 도는 속도는 광속의 1만분의 1 정도이므로, 오차 범위가 1만분의 1 이하인 측정이었다고 말할 수 있었겠네요.

1905년에 아인슈타인이 특수 상대성 이론을 발표하면서 광속이 극히 중요한 물리상수라는 사실이 밝혀지자, 광속 측정 실험은 더더욱 활기를 띠었습니다. 광속 측정 기술은 해마다 진보해서 원자시계와 레이저가 발명되었고, 시간과 길이와 속도 등을 극도로 정밀하게 측정할 수 있게 되었습니다. 측정의

오차 범위는 10만분의 1로, 100만분의 1로, 계속해서 줄어들었습니다. (기술의 진보를 설명하면서 이처럼 '극히'나 '극도로' 등의 부사를 일찍 꺼내면 더는 꺼낼 어휘가 없어지는데…….)

이렇게 측정 기술이 몇 단계씩 혁신되어 미터원기의 제작자는 상상하지도 못했을 정도로 정밀도가 높아지자, 미터원기는 길이의 기준으로 삼기에 미흡해지기 시작합니다. 프랑스 혁명과 함께 탄생한 초대 미터원기는 100년 가까이 사용되다가 1889년에 국제 미터원기에 배턴을 넘겨주었습니다. 국제 미터원기는 프랑스뿐 아니라 미터협약에 가입한 모든 나라의 기준이 되었습니다.

미터협약은 미터, 킬로그램, 초와 같은 국제단위계Système International d'Unités(SI)를 기본 단위로 쓰자는 국제적인 약속입니다. 이 협약에 가입한 나라들이 자금과 인재를 지원하는 '국제도량형국'이라는 조직은 국제단위계를 정하고, 개량하고, 측정 기술을 연구하는 활동을 하고 있습니다.

국제도량형국이 제작한 국제 미터원기는 금속봉에 1m 간격으로 눈금이 새겨져 있습니다. 즉, 이것은 1m 자의 표준입니다. 이 눈금은 0.01mm의 정밀도로 초대 미터원기와 일치한다고 하니 훌륭한 업적입니다. 그러나 현대의 초정밀 측정 장치가 가진 눈으로 보면, 금속봉에 새겨진 눈금 자체의 폭, 어긋남, 불균형 등이 또렷하게 보여서 마치 운동장에 석회로 흰 선을 그은 것처럼 얼기설기하게 비칠 겁니다.

하지만 고도의 기술을 가진 초정밀 길이 측정 장치 또한 자의 일종이므로, 그것으로 측정한 결과는 국제 미터원기와 일치해야만 합니다. 바꾸어 말하면 초정밀 길이 측정 장치로 국제 미터원기를 측정했을 때, 정확히 1m라는 결과가 나와야 한다는 뜻입니다.

그런데 앞에서 말한 것처럼 초정밀 길이 측정 장치는 원기에 각인된 눈금의 폭과 왜곡까지도 포착합니다. 그러면 그 왜곡된 금의 폭 어느 지점을 측정해서 1m로 삼아야 하느냐 하는 문제가 발생합니다. 측정 장치는 더없이 정밀하지만, 미터원기의 기준이 모호하기 때문에 정확하게 측정할 수 없는 사태가 발생하는 것이죠.

## 새로운 미터원기로 채용된 광속

이런 이유로 초정밀 측정 기술에 걸맞게 정말로 정밀한 미터의 정의가 필요해졌습니다. 1960년, 국제도량형국(의 상부 조직인 국제도량형위원회)은 미터의 정의를 크립톤86($^{86}Kr$) 원자가 내놓는 빛의 파장을 기준으로 다시 정의하고, 국제 미터원기를 해임했습니다. 이후 미터의 정의는 1983년에 다시 한번 변경되어서 지금은 광속을 기준으로 1m를 정의합니다.

현재 1m의 정의는

"빛이 진공에서 $\dfrac{1}{299{,}792{,}458}$ 초 동안 이동한 길이"

입니다. 광속은 299,792,458m/s이므로 빛을 출발선 앞에 놓고, "준비, 시-작!" 해서 1초 동안 달리게 하면 299,792,458m를 나아갑니다. 이 거리를 299,792,458로 나누면 1m 길이의 자를 얻을 수 있다는 원리입니다. 이 정의는 원기와 같은 특정 물체를 사용하지 않고 광속이라는 물리상수를 기준으로 1m를 정하고 있습니다. 이른바 새로운 미터원기로 광속을 채용한 셈입니다.

이처럼 물리상수를 바탕으로 해서 단위를 정의하면 여러모로 편리합니다. 어느 실험실에서나 재현할 수 있으니, 굳이 파리에 있는 미터원기와 비교할 것 없이 실험실에서 측정 장치나 자에 눈금을 만들 수 있습니다. 화성과 달에 가서도 정밀한 자를 만들 수 있지요.

또 가까운 미래에 측정 기술이 더욱 진보하더라도 거기에 맞추어 정의를 개정할 필요가 없습니다. 우수한 측정 장치가 만들어지면 광속이 거기에 걸맞은 정밀도를 가진 원기로 쓰일 테고, 광속이라는 원기가 시대에 뒤처질 염려는 당분간 없을 것입니다.

예컨대 열다섯 자릿수의 정밀도로 길이를 측정하는 장치가 만들어진다면 빛이 1초 동안 이동한 거리를 측정했을 때 299,792,458.000000m라는 답을 낼 겁니다. 이 답을 안 내면 장치의 눈금을 조정하면 됩니다. 그렇게 눈금을 조정하는 것을 '교정한다'고 표현합니다. 이렇게 교정한 장치로 키를 재면 미터의 정의에 따른 정밀한 측정이 이루어집니다.

무엇보다 광속이라는 물리상수의 값은 실험실이 움직이더라도 변하지 않습니다. 기본 단위의 기준에 이만큼 딱 들어맞는 게 또 있을까요?

그런데 미터를 정의하는 일에는 선행되어야 하는 조건이 있었습니다. 바로 광속을 딱 고정하는 것입니다. 우리는 1장에서 갈릴레오와 피조부터 마이컬슨과 몰리를 거치고, 램프에서 레이저로 측정 기술이 진보하며 오차를 서서히 줄여 온 광속 측정의 역사를 훑어보았습니다. 실제로 광속 측정 기술은 나날이 진보하여 점점 세밀한 값이 측정되었습니다. 그렇다고 매번 업데이트된 광속을 사용한다면 1m의 정의도 그때마다 바뀔 수밖에 없겠지요. 그래서 (현재의 1m를 정의한) 1983년에 광속은 299,792,458m/s라고 딱 정했습니다. 이로써 광속은 기본 단위를 정의하는 기준이 되었고, 1m의 정의도 딱 정해졌습니다. 더불어 광속을 더 정확하게 측정하려는 노력은 이제 필요 없게 됐지요.

물론 측정 기술은 앞으로도 계속 발전할 것입니다. 아마도 광속이 기본 단위를 정의하는 기준으로 버티고 있는 한, 이 시대의 시간, 거리, 속도 등의 측정 기술은 곧 광속을 측정해서 299,792,458m/s라는 값과 얼마나 정밀하게 일치하느냐를 다투는 일이 되겠군요.

## 시간의 단위, 초를 정의하다

앞에서 우리는 광속을 사용해 미터를 정의하기 위해 1초 동안 빛을 달리게 했습니다. 이 과업을 정확하게 수행하려면 1초를 정확하게 재는 시계가 필요합니다. 물론 30만 km의 운동장과 스톱워치를 준비해서 빛을 달리게 하지 않고도 현재 정의에 맞는 1m를 만들어 낼 수는 있지만, 어쨌거나 정확한 시계는 필요합니다. 그러니 국제도량형국이 정하는 시간의 단위 '초'에 관해 알아봅시다.

1일은 24시간, 1시간은 60분, 1분은 60초입니다. 따라서 1일은 8만 6,400초인데, 이 수치를 기억해 두면 가끔 계산할 때 도움이 되기도 합니다. 1일, 즉 하루는 정오부터 해가 저물었다가 뜨고 다시 정오가 될 때까지의 시간으로, 지구라는 물체의 자전(과 공전)으로 정해집니다. 따라서 하루를 8만 6,400으로 나눈 1초라는 시간의 원기는 지구라고 말할 수 있습니다.

그러나 시계 기술이 진보하여 하루의 길이를 밀리초 수준의 정밀도(오차가 1억분의 1 이내)로 잴 수 있게 되자, 지구의 자전 속도가 일정하지 않다는 사실이 밝혀졌습니다. 지구의 질량 분포에 살짝 변화가 생길 때 자전 속도도 살짝 변했던 것입니다. 피겨 스케이팅 선수가 회전할 때 팔을 뻗거나 오므리면 회전 속도가 변하는 것과 같은 원리입니다.

지구의 질량 분포를 변화시키는 원인은 몇 가지가 있는데, 가령 판의 이동도 그중 하나입니다. 2011년 동일본대지진 때 일본 열도의 위치는 동쪽으로 60cm가량 틀어졌습니다. 또 기후 변화로 지표면이 얼거나 녹으면 물과 얼음의 분포가 변하므로, 이것도 질량 분포를 살짝 변화시킵니다. 아무래도 지구의 자전에 의존하지 않는 초의 정의가 필요하겠군요.

현재 1초의 정의를 간략하게 얘기하면

"세슘133($^{133}Cs$) 원자가 방출하는 빛이 9,192,631,770번 진동하는 시간"

입니다. 이것은 원자시계 시스템을 바탕으로 한 정의인데, 원자시계는 원자가 방출하는 빛의 진동수를 측정하는 장치입니다. 위의 정의에 따르면 측정 대상 원자는 세슘133이고, 진동수는 9,192,631,770번이라고 딱 정해져 있으므로, 이 정의를 정확하게 따르는 원자시계를 만들 수 있습니다.

이 정의가 등장하면서 지구라는 원기는 은퇴했습니다. 지구는 하나뿐이지만 세슘133 원자는 많습니다. 아마 우주 어디에나 있을 겁니다. 이렇게 해서 '초'는 우주 어디에서나 재현할 수 있는 단위가 되었습니다.

## 초를 바꿀지도 모를 광학 격자 시계

반세기 넘게 사용된 현재 초의 정의가 미래에 개정될 가능성이 있을까요? 만약 지금까지 사용되어 온 원자시계의 정밀도를 크게 능가하는 획기적인 시계를 개발한다면 거기에 맞추어 개정될지도 모르지요. 그런 획기적인 기술 가운데 하나가 가토리 히데토시香取秀俊(1964~) 도쿄대학교 교수가 개발한 '광학 격자 시계'입니다.

현재 원자시계는 세슘133 원자 한 개가 방출하는 빛의 진동수를 측정해서 그 횟수가 9,192,631,770번이 되는 시간을 1초라고 나타냅니다. 이와 달리 광학 격자 시계는 원자 집단이 방출하는 빛을 한꺼번에 측정해서 그 평균을 이용합니다. 이 방법은 오차가 $10^{-18}$으로 극히 정밀했는데, 이 정도면 우주의 시작부터 현재까지 계속 광학 격자 시계를 움직였더라도 1초도 어긋나지 않았을 정도의 정밀도입니다. ('단일 이온 트랩'이라는

5장. 4대 물리상수로 정의한

또 다른 기술도 막상막하의 정밀도를 보여 주고 있습니다.)

새로운 측정 기술은 새로운 과학을 가능케 하고, 새로운 지식을 가져다줍니다. 광학 격자 시계가 앞으로 가져다줄 성과가 기대됩니다.

## 킬로그램원기의 후임은 플랑크상수

국제도량형국은 필요에 따라 기본 단위의 정의를 개정하는데, 2019년 개정에서는 제법 큰 변경 사항이 있었습니다. 킬로그램을 포함한 몇 가지 기본 단위와 상수의 정의가 바뀐 것입니다. 그 전까지 킬로그램의 정의는 '국제 킬로그램원기의 질량'이었는데, 이때의 개정 이후

"1kg은 플랑크상수 $h$를 정확하게 $6.62607015 \times 10^{-34}$J·s로 고정함으로써 정의된다."

라고 바뀌었습니다. 자, 플랑크상수가 등장했습니다. 그런데 이건 대체 무슨 정의일까요?

기존 킬로그램 정의에 사용된 킬로그램원기는 파리에 있는 국제도량형국에 소중히 보관되어 있던 저울추였습니다. (지금도 보관되어 있습니다.) 킬로그램원기의 질량이 1kg이라는 것도,

전 세계 저울의 눈금이 이 저울추를 바탕으로 새겨진 것도 알 겠습니다. 그런데 2019년에 개정된 정의는 한 번 읽어서는 뜻을 이해할 수가 없습니다. 플랑크상수가 어떻게 킬로그램원기를 대체한다는 걸까요? 플랑크상수의 무게라도 재 보자는 걸까요? (정말로 그러자는 건 아니지만, 플랑크상수가 끼어들면 정신이 혼미해지긴 합니다.)

## 플랑크상수로 어떻게 질량을 측정할까?

이 정의는 킬로그램이라는 단위를 정하는 동시에 플랑크상수의 값을 고정하고 있습니다. 그전까지 플랑크상수는 측정하고 구할 수 있는 물리량이었습니다. 그래서 전 세계 실험실에서 이 값을 더욱 정밀하게 측정하려는 노력을 아끼지 않았죠. 그러나 2019년 킬로그램의 정의가 개정된 이후로 플랑크상수는 측정할 것도 없이 $6.62607015 \times 10^{-34}$ J·s로 딱 고정되었습니다.

그러면 2019년 이전에 심혈과 예산을 쏟아부어 만들어 온 플랑크상수 측정 장치들은 모두 구닥다리가 되어 역사의 뒤안길로 사라질 것이냐, 그럴 일은 당연히 없습니다. 이후로는 측정 장치의 사용법이 다음과 같이 바뀔 테니까요.

플랑크상수를 측정하는 장치로 키블 저울Kibble balance이라는 것이 있습니다. 와트 저울watt balance이라고도 하지요. 이것은 모종의 양자역학 효과를 실험하는 장치로, 플랑크상수를 이용해서 실험 결과를 예상합니다. 그렇게 예상한 값과 실제로 얻은 측정 결과를 대조하면 플랑크상수의 실제 값을 구할 수 있다는 원리였습니다.

2019년 개정 이후 플랑크상수가 기본 단위를 정의하는 기준이 되었으므로, 키블 저울의 실험 결과는 플랑크상수의 값과 일치해야만 합니다. 만약 다른 값이 나오면 장치를 미세하게 조정하고 계기판 눈금을 (계산기상으로) 다시 써서 정확한 값이 나오도록 교정합니다.

그런데 키블 저울을 조금 손보면 물체의 무게를 측정할 수 있습니다. (이 장치에 저울이라는 이름이 붙은 이유입니다.) 정확한 플랑크상수가 나오도록 교정한 키블 저울로 물체의 질량을 측정하면, 바로 이것이 '플랑크상수 $h$를 정확히 $6.62607015×10^{-34}$J·s 로 고정함으로써 정의된' 질량을 측정한 것이 됩니다.

다만 킬로그램의 정의에 '키블 저울을 사용할 것'이라는 지시는 없습니다. 그러니 앞으로 측정 기술이 더욱 진보해서 이것보다 우수한 측정 장치가 등장하더라도 현재의 정의를 그대로 사용할 수 있습니다.

그렇지만 2019년의 단위 개정이 너무 과격했던 것은 사실입니다. 100년 넘게 질량의 기준으로 사용해 온 국제 킬로그램원기를 폐기하고, 사람들이 잘 알지도 못하는 플랑크상수라는 것을 대신 내놓으면서, 심지어 질량 측정 방식을 구체적으로 지정하지도 않고서, '플랑크상수를 고정해 둘 테니 알아서들 잘 맞추렴' 하는 것과 다를 바 없었으니 얼마나 난폭한 방식입니까.

실험실에서 키블 저울을 만지는 연구자들이나 양자역학 또는 플랑크상수라는 단어를 들으면 가슴이 설레는 사람들에게는 괜찮은 방식일지 몰라도, 그렇지 않은 대다수 사람에게 이러한 정의는 난해한 문장에 지나지 않을 겁니다. 이러면 일상에서 킬로그램이라는 단위를 사용하면서도 이것이 어떻게 정해진 것인지를 모르는 사람도 많아질 테고요. 킬로그램의 값은 이대로 유지하더라도, 적어도 문장을 좀 보완해서 처음 배우는 사람들도 이해하기 쉽게 표현했더라면 좋았을 텐데 하는 아쉬움이 남습니다.

**역학의 단위를 모두 만들 수 있는 미터, 킬로그램, 초**

킬로그램의 정의까지 개정함으로써 이제 미터, 초, 킬로그램이라는 세 가지 기본 단위는 모두 물리상수에 따라서 정해집니다. 더는 어디에도 원기를 사용하지 않습니다. 세 가지 기본 단위의 정의를 다시 한번 정리해 보겠습니다.

5장. 4대 물리상수로 정의한

"1m는 빛이 진공에서 $\dfrac{1}{299{,}792{,}458}$ 초 동안 이동한 길이"

"1초는 세슘133 원자가 방출하는 빛이 9,192,631,770번 진동하는 시간"

"1kg은 플랑크상수 $h$를 정확하게 $6.62607015 \times 10^{-34}$J·s로 고정함으로써 정의된다."

 

기본 단위란 다른 단위를 짜맞추는 바탕이 되는 단위입니다. 이 기본 단위들을 조합하면 다양한 물리량을 나타내는 단위들을 만들 수 있습니다. 초등학교에서는 미터와 미터를 곱하면 제곱미터($m^2$)라는 면적의 단위를 만들 수 있다고 배웁니다. 면적에 미터를 한 번 더 곱하면 세제곱미터($m^3$)라는 부피의 단위가 됩니다. 또 질량을 부피로 나눈 양을 밀도라고 하는데, 이 단위는 질량의 단위인 킬로그램을 부피의 단위인 세제곱미터로 나눈 $kg/m^3$입니다.

거리를 시간으로 나누면 속도가 나오는데 이 단위는 미터를 초로 나눈 $m/s$입니다. 이것을 다시 초로 나누면 가속도의 단위 $m/s^2$을 얻을 수 있습니다. 여기에 질량을 곱하면 $kg \cdot m/s^2$이 되는데 이것은 힘의 단위(N, 뉴턴)입니다.

이런 식으로 미터와 킬로그램과 초를 조합해 많은 단위를 만들 수 있습니다. 특히 역학에 등장하는 단위는 모조리 만들어 낼 수 있습니다.

여기에 전기에 관한 기본 단위를 하나 더 추가하면 전자기학에 등장하는 단위도 짜맞출 수 있습니다. 국제도량형국은 전자기를 대표하는 단위로 A(암페어)를 채용하고 있습니다. 암페어는 전류의 기본 단위입니다. 전류의 단위인 암페어와 시간의 단위인 초를 곱하면 A·s(암페어초)가 되는데, 이것은 전하량의 단위인 C(쿨롬)과 같습니다.

미터, 킬로그램, 초는 각각 길이, 질량, 시간이라는 세 가지 물리량을 나타냅니다. 이 세 가지 기본 단위로 역학의 모든 단위를 만들 수 있다는 말은, 역학이 길이와 질량과 시간을 다루는 체계라는 뜻입니다. 역학은 이 세계를 제법 광범위하게 설명할 수 있는 체계이므로 우리가 평소에 측정하거나 다루는 물리량 대부분이 길이와 질량과 시간이라는 물리량의 조합에 지나지 않는다는 사실을 알 수 있습니다. 특히 시간은 (1장에서 설명했듯이) 광속 $c$를 곱해 길이로 나타낼 수 있습니다. 그러므로 길이와 질량, 이 두 가지 단위만으로도 역학의 단위는 충분합니다.

그러면 온도는 어떻게 할 거냐고 묻고 싶은 독자가 있을지도 모르겠군요. 국제도량형국이 정한 (열역학적) 온도의 기본 단위는 절대온도인 K(켈빈)인데, 미터와 초와 킬로그램으로 온도도 짜맞출 수 있습니다. 열역학적으로 온도가 높다는 말은 그 물체의 내부 에너지가 크다는 말과 같고, 에너지의 단위(J)는

kg·m²/s²입니다. 따라서 "기온은 20°C"라고 하는 대신에 "기온은 $4.0\times10^{-21}$kg·m²/s²"이라고 표현해도 됩니다.

## 기본 단위를 다른 것으로 교체한다면?

미터, 킬로그램, 초라는 세 가지 기본 단위는 어쨌거나 다른 단위들의 '기본'이자 국제적인 합의도 이루어진 만큼, 제법 특별 취급을 받고 있습니다. 하지만 기본 물리량이 꼭 이 세 가지 단위로만 이루어져야 한다는 법은 없어서, 다른 것으로 교체 하더라도 지금까지 살펴본 것과 마찬가지로 온갖 단위들을 짜 맞출 수 있습니다.

예를 들어 미터, 초, 파스칼(Pa)이라는 세 가지 단위를 기본 단위로 삼으면(이 단위계의 이름을 '미터·파스칼·초 단위계'라고 부릅 시다) 무슨 일이 일어날지 생각해 봅시다. 파스칼은 압력의 단 위이며, 압력은 힘을 면적으로 나눈 물리량입니다. 힘은 압력 에 면적을 곱한 것이므로 파스칼을 사용해서 힘의 단위를 나 타내 보면 Pa·m²이 됩니다.

미터와 초는 이 단위계에서도 그대로 사용되므로 가속도의 단위 m/s²은 달라질 게 없습니다. 그리고 질량은 가속하는 데 힘이 얼마나 필요한지를 나타내는 물리량이므로 힘을 가속도 로 나눈 Pa·m·s²이 이 단위계에서 질량의 단위가 됩니다.

이처럼 미터·파스칼·초 단위계에서도 미터·킬로그램·초 단위계와 마찬가지로 얼마든지 단위를 공급할 수 있습니다. 즉, 독립적인 세 개의 기본 단위만 있다면 그 조합을 통해서 다양한 단위를 만들어 단위계를 구성할 수 있습니다.

한편, 기본 단위의 크기는 바꾸어도 지장이 없습니다. 예를 들어 길이의 단위로 미터 대신에 '척$_R$'을 채용해 보겠습니다. 1척은 $\frac{10}{33}$ m로 정해져 있는데 이것은 약 30.3cm입니다. 그러면 면적은 척$^2$, 속도는 척/s, 힘은 kg·척/s$^2$ 단위로 나타내는 '척·킬로그램·초 단위계'라고 불러야 할 단위계가 완성됩니다. 이것 역시 모든 물리량의 단위를 제공해 줍니다.

요컨대 역학의 단위계는 기본 단위 세 개의 조합으로 구성됩니다. 그 세 가지 요소가 꼭 길이와 질량과 시간일 필요는 없으며, 또한 기존 요소와 크기가 달라도 상관없습니다.

## 세련된 궁극의 단위계 '자연 단위계'

단위계 만드는 방법을 알았으니 이것을 응용해서 더욱 세련된 단위계를 고안해 볼까요? 세 가지 기본 단위로 광속 $c$, 만유인력상수 $G$, 플랑크상수 $h$를 이용하는 단위계는 어떨까요? (전자기의 단위에는 당연히 기본전하량 $e$를 사용합니다.) 지금까지 등장한 보편 상수가 모두 모였습니다. 이 단위계의 이름은 광속·

5장. 4대 물리상수로 정의한

만유인력상수·플랑크상수 단위계가 아니라 '자연 단위계'입니다. (자연 단위계는 플랑크상수를 $2\pi$로 나눈 값인 $\hbar$를 사용하는 방식도 있지만, 그대로 사용하든 나누어 사용하든 대단한 차이는 나지 않으니 여기서는 신경 쓰지 않아도 괜찮습니다.)

자연 단위계에서 길이의 단위는

$$\sqrt{\frac{Gh}{c^3}} \fallingdotseq 4\times10^{-35}\mathrm{m}$$

입니다. 단위의 이름은 '플랑크길이'입니다. 정말로 터무니없이 짧은 길이를 가진 단위입니다. 이것은 원자의 크기보다도, 원자핵보다도 짧은 길이입니다. 이 단위로 사람의 키를 나타내면 약 $5\times10^{34}$플랑크길이가 됩니다. 무려 서른다섯 자릿수가 나옵니다.

두 번째로 시간의 단위는 플랑크길이라는 터무니없이 짧은 길이를 광속으로 날아가는 데 걸리는 시간이며

$$\sqrt{\frac{Gh}{c^5}} \fallingdotseq 1\times10^{-43}\text{초}$$

입니다. 마찬가지로 '플랑크시간'이라고 부릅니다. 정말로 더 터무니없이 짧은 시간입니다. 1초를 이 단위로 나타내면 $10^{43}$플랑크시간이 됩니다. 반대로 우주가 시작된 시점부터 현

재까지를 초로 나타내면 $10^{18}$초도 되지 않습니다. 1초와 1플랑크시간 사이에는 1초와 우주 나이의 사이보다도 훨씬 막대한 격차가 있습니다.

세 번째로 질량의 단위는

$$\sqrt{\frac{ch}{G}} \fallingdotseq 0.05\text{mg}$$

입니다. 예상했듯이 '플랑크질량'이라고 부릅니다. 웬일로 여기서는 좀 일상적인 수치가 나왔습니다. 물웅덩이 속에 사는 미생물의 질량 정도 되겠군요. 체중 50kg을 이 단위로 바꾸면 약 10억 플랑크질량입니다. 플랑크길이와 플랑크시간의 비일상성에 비하면 훨씬 낫지요.

이 세 가지 기본 단위로 구성되는 자연 단위계의 정의에는 지금쯤 창고에 얌전히 보관되어 있을 원기도, 지구라는 특수한 물체도 필요하지 않습니다. 우주 어디에서나 통하는, 이보다 더 보편적일 수는 없다고 할 만큼 보편적인 단위계입니다. 우주인과 거래를 할 때는 분명 이 단위계가 채용될 겁니다.

**쓰기 어려운 자연 단위계가 우주의 수수께끼를 풀리라**

자연 단위계는 너무 세련되어서 일상적으로 사용하기에는

5장. 4대 물리상수로 정의한

너무도 불편합니다. 페트병 음료의 용량도, 운동하는 데 쓴 시간도, 삼겹살의 질량도 이 단위계로 나타내려면 몇십 자릿수가 필요합니다. 역사에 남을 어떤 하이퍼인플레이션hyperinflation도 이만큼 많은 자릿수를 요구하지 않습니다.

그렇다면 물리학 계산에는 도움이 되느냐 하면 그렇지도 않습니다. 예컨대 이 단위로 원자의 크기를 나타내면 스무 자릿수 이상이 나옵니다. 이 단위계에서는 원자조차도 너무 큽니다. 그래서 대부분의 물리학 분야에서도 이러한 단위계는 처치 곤란입니다.

그러면 대체 이 단위계는 어디에서 쓰임을 찾을 수 있을까요? 자연 단위계를 사용하기 어려운 이유는 천문 현상에서 나타나는 만유인력상수와 미시적인 현상을 지배하는 플랑크상수를 함께 가졌기 때문입니다. 이 두 가지를 동시에 논하는 학문 분야는 별로 없습니다.

천체물리학과 양자 중력 이론은 이렇게 별로 없는 학문의 예시인데, 특히 양자 중력 이론을 공부하려면 이 단위계에 숙달하는 일이 필수입니다. 양자 중력 이론이란 중력의 이론인 일반 상대성 이론과 미시 세계의 물리 법칙인 양자역학을 통합하는 이론입니다. 하지만 아직 완성되지 않았습니다. 100년 가까이 각 세대의 최우수 두뇌들이 여기에 몰두해 왔으나 아직도 몇 가지 가설이 제창되는 정도의 단계입니다.

양자 중력 이론은 아직 완성되지 않았지만, 기존 이론을 사용할 수 없는 순간에 이 이론이 필요한 것은 잘 알려진 사실입니다. (100여 년 전, 원자의 구조를 설명하는 데 이전의 이론을 적용할 수 없었다던 이야기가 떠오르는군요.) 가령 우주가 시작된 순간, 우주는 최초에 플랑크길이만큼의 크기였지만 플랑크시간만큼 짧은 시간 동안에 성장한 것으로 여겨집니다. 이 과정을 현재의 양자역학으로는 논리적으로 설명할 수 없습니다.

또 블랙홀의 중심에서는 공간의 '곡률'과 '에너지 밀도'와 같은 다양한 물리량이 무한대로 발산되며, 기존의 이론이 성립하지 않는 것으로 알려져 있습니다. 양자역학은 블랙홀의 '표면'에서도 성립하지 않습니다. 영국의 물리학자 스티븐 호킹 Stephen William Hawking(1942~2018)은 블랙홀에서 의문의 빛이 방출되는 호킹 복사Hawking radiation라는 현상을 발견했는데, 양자역학을 응용해서 발견한 호킹 복사의 과정에서도 양자역학의 기본적인 모순이 발견되었습니다.

양자 중력 이론은 이러한 문제들을 모조리 해결해 줄 것으로 기대를 모으고 있습니다. 그 과정에서 자연 단위계가 대활약을 보일 것 또한 확실합니다. 조금만 더 기다리면 인류가 진정으로 자연 단위계를 활용할 날이 올지도 모르겠습니다.

# 마치며:
## 보편 상수가 보편적이지 않을 수 있다는 상상

---

### *c, G, e, h*가 그려 내는 우주

여러분은 이제 광속 *c*, 만유인력상수 *G*, 기본전하량 *e*, 플랑크상수 *h*라는 보편 상수와 친구처럼 가까워졌으리라 생각합니다. (안 그런 사람도 있을지 모르겠습니다만.) 보편 상수는 인류와 친밀해질수록 우주가 어떻게 해서 지금과 같은 모습인지를 가르쳐 줍니다. (아직 전부를 알려 주지는 않았지요.)

광속 *c*는 거리를 시간으로 대체할 수 있다는 사실, 시간의 단위로 거리를 나타내도 된다는 사실, 거리는 빛이 여행하는 세월로 측정할 수 있다는 사실을 가르쳐 줍니다.

광속 *c*는 운동 중인 관측자에게도 달라지지 않습니다. 운동은 '상대적'이어서 어느 관측자에게나 평등하기 때문입니다. 그리고 이 평등을 보장하기 위해서 시간과 거리는 운동 중인 관측자에게 늘어나 주기도, 줄어들어 주기도 합니다. 우주와 광속 $c$는 우리에게 평등함을 지켜 주려고 이렇게까지 세심하게 마음을 써 주고 있습니다.

만유인력상수 $G$가 인류와 처음 알고 지내게 되었을 때 행성은 청정한 진공 속에서 질서 있게 운행되었고, 우주의 모습은 정밀한 시계처럼 과거도 미래도 어디까지나 계산할 수 있을 것만 같았습니다. 그러나 인류가 만유인력상수 $G$를 단서 삼아 우주의 진짜 모습을 들여다보자, 실제 우주에서는 시간이 늘었다 줄었다 하고, 공간은 구불구불 왜곡되고, 진공에는 암흑 물질이니 암흑 에너지니 하는 으스스한 이름을 가진 존재가 가득 차 있었습니다. 그리고 우주는 138억 년 전에 대폭발과 함께 시작되어 지금 이 순간에도 계속해서 넓어지고 있다고 하는군요. 정확한 시계 같던 우주는 자취도 없이 사라졌습니다.

우주의 모습을 올바르게 그리기 위해서는 전자기학 지식도 필요합니다. 물체들 사이에 힘이 작용하는 것을 발견했다면 중력 아니면 전기나 자기의 힘이라고 생각하면 대충 맞습니다. 그러나 전자기학이라는 체계는, 전기의 정체가 전자라는 기본 입자의 집합이라는 사실이 밝혀지기도 전에 완성되어 버렸습니다. 이 때문에 기본전하량 $e$를 배워도 전자기학을 배우는 데는 크게 도움이 되지 않습니다. 도리어 전자가 음전하를 가졌다는 사실에 혼란만 커질 뿐입니다.

하지만 전자는 인류가 발견한 최초의 기본 입자입니다. 전자에 관해서 아는 것은 기본 입자에 관해서, 또한 기본 입자를 지배하는 물리 법칙에 관해서 아는 일입니다. 그리고 기본전하량 $e$는 여러 입자의 전하에 (이유는 모르지만) 공통되는 값이자, 기본 입자를 이해하는 열쇠였지요. 전자를 시작으로 인류는 이 우주를 구성하는 기본 입자에 관한 지식을 탐구해 갈 수 있게 되었습니다.

양자역학은 전자와 광자 등의 기본 입자를 비롯해 원자, 분자 등 미시적인 물체를 지배하는 물리 법칙입니다. 미시 세계의 물리 법칙이 거시 세계와 다름을 인류가 최초로 알아차리게 해 준 것이 바로 플랑크상수 $h$였습니다. 지금도 플랑크상수가 의미하는 바를 탐구하는 인류의 시행착오는 계속되고 있습니다.

플랑크상수가 개입하면 분명히 파동이었던 빛이 광자라는 입자가 되고, 의심의 여지도 없이 연속적인 값을 가질 줄 알았던 에너지와 회전운동량 같은 물리량은 양자가 되어서 불연속적으로 와당탕퉁탕 변화합니다. 인류는 그전까지의 상식이 통하지 않는 세계를 신생아처럼 본능적인 감 하나만 가지고 더듬더듬 이해해야만 했습니다.

그런데도 양자역학은 성공해서 화학, 원자력, 레이저, 컴퓨터 등 많은 성취를 이루었습니다. 우주를 연구하는 천체물리학 역시 양자역학 없이는 성립할 수 없습니다. 인류의 이해는 아직 우주가 어떻게 시작되었는지 그 최초의 순간에까지는 미치지 못하고 있지만, 그 사실을 밝혀내는 데 양자역학과 중력 이론이 없어서는 안 된다는 굳은 믿음은 흔들리지 않고 있습니다.

### 우리 우주의 형태를 만드는 그 밖의 보편 상수

물리학의 보편 상수는 $c$, $G$, $e$, $h$ 말고도 더 있습니다. $c$, $G$, $e$, $h$ 의 조합만으로 모든 물리량을 나타내거나 계산할 수 있는 것은 아니지요.

예컨대 기본 입자 중에는 색깔color 혹은 색전하color charge라 는 물리량을 가지는 것들이 있습니다. (실제로 색을 띠는 것은 아니고, 물리량의 속성을 색깔에 비유해 표현한 것입니다.)

전자 등의 기본 입자는 전하를 가지며, 그 크기는 $e$입니다. 전자에 작용하는 전자기력의 크기는 기본전하량 $e$를 사용해 계산할 수 있습니다. 한편, 기본 입자 간에 작용하는 힘에는 '강력'이라는 힘도 있습니다. 강력은 원자핵 크기 정도의 거리 까지만 닿기 때문에 주로 원자핵 속에서 작용합니다. 원자핵 을 안정적으로 (물질에 따라서는 불안정하게) 붙들어 두는 데 없어 서는 안 되는 중요한 힘이지요. 색전하는 바로 이 강력의 원천 입니다.

강력이 입자들 사이에서 어떻게 작용할지는 각 입자가 가진 색전하의 속성에 따라 결정됩니다. 그리고 기본 입자가 가진 색전하의 속성은 기본전하량 $e$와 마찬가지로 언제 어디서나 변하지 않는 보편 상수입니다.

이 우주에서 관찰할 수 있는 천체는 대부분 원자로 이루어져 있습니다. 그 원자의 중심에 있는 원자핵의 성질은 $e$보다 오히려 색전하에 의해 결정됩니다. 우리가 관찰할 수 있는 모든 천체의 성질을 결정할 정도니, 기본 입자의 색전하는 대단히 중요한 보편 상수라고 말할 수 있지요.

기본 입자 중에는 '중성미자'라는 무척 가벼운 것들도 있습니다. 너무 가벼워서 아직 질량 측정에 성공하지 못했습니다. 중성미자에는 '전자중성미자', '뮤온중성미자', '타우중성미자' 이렇게 세 종류가 있는데, 중성미자는 이 세 종류가 미묘하게 혼합된 상태로 존재합니다.

대체 무슨 뜬구름 잡는 소리냐 싶은가요? 하지만 이 혼란은 자연 탓입니다. 왜 그런 상태로 이루어진 것인지는 알 수 없지만, 우주는 그렇게 이루어져 있습니다. 이렇게 중성미자가 뒤섞인 상태는 섞임각mixing angle이라는 물리량으로 표현되며, 섞임각 역시 보편 상수라고 말해도 좋을 것입니다.

이처럼 우주의 형태를 만드는 보편 상수는 여러 가지가 있습니다. 그것들의 묘하고도 정밀한 조합에 따라서 이 풍요롭고

마치며. 보편 상수가

복잡한 우주가 완성되었지요. 만약 이 상수들이 지금과는 다른 값을 가졌다면 어땠을까요? 또다시 상상해 봅니다.

## 물리상수의 값이 우리와 다른 우주

3장에서도 이야기했지만, 물리상수가 우리 우주와 다른 우주가 존재한다고 주장하는 이론도 있습니다.

우리 우주는 138억 년 전에 빅뱅으로 탄생했습니다. 그리고 $c$, $G$, $e$, $h$의 값에 따라서 결정되는 무수한 과정을 거쳐서 현재와 같은 모습이 되었습니다. 빅뱅이 왜 일어났느냐 하는 물음에는 아직도 답을 찾지 못했습니다. 몇 가지 가설이 있는데, 그중에는 우리 우주가 부모 우주로부터 태어났다고 설명하는 것이 있습니다. 그렇기에 우리 우주 말고도 자식 우주가 무수히 많다고 주장하는 가설입니다.

심지어 각각의 자식 우주가 각자 다른 물리상수를 가진다는 기발한 주장을 펼치는 연구자들도 있습니다. 물리상수가 다른 우주끼리는 서로 영향을 줄 수도, 교류할 수도 없으며, 따라서 상호 관찰도 불가능합니다. 존재를 확인하는 일도 불가능합니다. 실험이나 관찰을 통해서 증명할 수 없는 존재를 논의하는 것이 과연 과학의 영역인지 확신하기는 어렵지만, 어쨌거나 매력적이고 기발한 발상이긴 합니다.

이 책에서 우리는 만약 $c$, $G$, $e$, $h$의 값이 변하면 어떤 현상이 일어날지 논의해 보았습니다. $c$, $G$, $e$, $h$가 우리 우주에 어떤 영향을 미치고 있는지 알아보기 위한 탐구였지만, 만에 하나 앞에서 얘기한 저 기발한 우주론이 참이라면, 정말로 어딘가에는 이 책에서 상상했던 것과 같은 또 다른 우주가 있을지도 모르지요. 연구자들 사이에서도 의견이 일치하지는 않지만, 그처럼 물리상수가 서로 다른 우주에서는, 예컨대 기본 입자의 전하량, 색전하, 질량, 섞임각 등의 물리상수가 다를 가능성이 있다고 합니다. 그러니까 기본전하량 $e$는 다른 우주(만약 존재한다면)에서는 다른 값일지도 모릅니다.

그러나 만유인력상수 $G$와 플랑크상수 $h$의 값까지 달라지면 부모 우주에서 자식 우주가 발생하는 시스템마저도 변할 가능성이 있어서 이론적으로 수습이 안 될 것 같습니다. 그렇다면 역시 보편 상수 중에서도 $G$와 $h$ 그리고 광속 $c$는 어느 우주에서나 똑같을 것 같은 느낌이 듭니다만, 섣불리 단언할 수는 없겠지요.

다른 우주에서도 생명이 발생해 지성을 기르고 있다면, 우리와 마찬가지로 $c$, $G$, $e$, $h$에 관해서 고찰하고 이 책과 같은 논의를 거쳐서, 이들 물리상수가 자신들의 우주를 그런 모습으로 구성하는 기초라는 결론을 내렸을 겁니다. 그리고 그들의 보편 상수 $c$, $G$, $e$, $h$를 둘러싼 탐구 역시 때로는 이상하고 때로는

마치며. 보편 상수가

이치에 맞지 않아 보이겠지만, 그럼에도 감동적인 이야기를 써 나가고 있을 것입니다.

물리상수를 통해서 우주와 그 안에 사는 인간의 모습을 그려 보는 것은 즐거운 작업이었습니다. 이 여정을 함께해 주셔서 고맙습니다.

2022년 7월
고타니 다로

옮긴이의 말:
## 물리상수는 악랄한 빌런이 아니라 다정한 히어로로

주변을 살펴보면 자연의 원리나 수식을 활용해 세상을 이해하고 일상에서 남다른 즐거움을 찾아내는 이과적 부류의 사람들이 있습니다. 반면에 어떤 지식이나 문장도 언어적으로 이해하지 못하면 가까이하지 못하는 부류도 있습니다. 알아듣지는 못해도 왠지 멋진 개념이 가득해 보이는 이과 세상을 동경하면서도, 어쩐지 문턱이 높아 도통 다가가지 못한 채 반강제적으로 '그쪽'의 학습은 포기하기를 반복해 온 저와 같은 사람을 속칭 '문과 감성'이라고 통틀어 부르곤 하지요. (물론 문과 세상은 문과와 이과, 예체능까지 모두 뛰어난 통합형 인재가 가득한 멋진 세상입니다, 만!)

저처럼 문과 감성으로 많이 치우친 사람들이 이과적 지식을 이해하려면 일차적으로 언어적인 설득력을 갖춘 설명이 필요합니다. 모르는 지식이라도 한 번쯤은 귀담아들을 수 있도록 마음의 문을 슬쩍 열어 주는 미끼 같은 농담과 여린 가슴을 남몰래 울리는 촉촉한 감성도 필요하지요. 그렇게 빼꼼 열린 마음의 문틈으로 과학자의 지식을 꽉꽉 눌러 담은 유쾌한 설명이 직구로 날아든다면? 두말할 것 없이 흥미로운 발견이 가득한 즐거운 독서 경험이 될 겁니다. (그리하여 문과 감성 여러분께도 수줍게 이 책을 권합니다.)

이 책의 저자인 고타니 다로 교수는 제법 난이도 있는 물리학 지식과 용어를 설명하는 데 문과 감성까지 만족시킬 재미있는 비유와 다감한 설명 방식을 채택했습니다. 이과 과목을 배우면서 용어의 벽에 부딪혀 좌절해 본 경험이 다들 한 번쯤은 있을 텐데요(저만…… 있나요?). 물리학 개념을 최대한 일상의 언어로 설명하고자 단어를 세심히 고르고 문장을 다듬어 쓴 저자의 배턴을 이어받아, 저 또한 언어적 진입 문턱을 낮추고자 용어의 뜻과 어원 등을 되도록 이해하기 쉬운 우리말 문장으로 옮기기 위해 노력했습니다.

물론 책에서 다루는 개념들이 마냥 말랑하고 쉬운 내용은 아닙니다. 심지어 특정 물리상수나 방정식을 고안한 천재적인 과학자들도 처음에는 그게 무엇을 의미하는지 몰랐다고 하니 말 다했지요. 하지만 다행스럽게도 이 책은 차근차근 읽어 나갈수록 우주를 바라보는 깊이와 눈높이가 달라지게 만들어 줍니다. 기초 지식을 쉽게 설명하는 데 집중하는 일반 과학 교양

서의 수준에서 한 걸음 더 나아가 기초 지식 너머의 '그다음'을 함께 이야기하는 책이기도 하지요. '우주는 신비롭고 광활하구나' 정도의 단순한 감상과 '아인슈타인의 우주론은 무엇이 잘못되었는가' 하는 전문적 문제의식 사이 지식의 간극을 메워 주는 책이라 할 수 있습니다.

살다 보면 이 지구상의 어떤 물리적, 정신적, 사회적 거인도 우주 규모에서는 티끌처럼 작디작은 존재에 불과함을 깨닫는 순간이 찾아오기도 합니다. 그 순간 필연적으로 '우주란 대체 어떤 곳인가' 하는 생각에 이르게 될 텐데, 우리는 이미 이 책을 읽으며 물리상수 개념을 통해서 우주의 물리학에 다가서는 한 발을 뗀 사람들입니다. 바쁘게 변화하는 세상의 바탕에는 우리가 지식으로 알고 있는 세상보다 훨씬 드넓은 우주가 있고, 우주의 모든 짜임새는 언제 어디에서나 변치 않고 고스란히 제 값을 유지하는 보편 상수에 따라 만들어지고 지켜지고 있음을 이제는 알지요. 이 물리학적 사실이 때때로 우리에게 든든한 위로가 되어 줄 겁니다.

우주 어디에서나 변하지 않는 보편 상수 $c$, $G$, $e$, $h$는 우리의 학습 과정을 괴로운 암기로 채우기 위해 존재하는 악랄한 '빌런'이 아니라, 우리가 동경하는 우주의 모습을 자세히 그려 주는 다정한 '히어로'이자 오롯한 우리 편임을 이 책은 알려 줍니다. 부디 《우주를 읽는 키워드, 물리상수 이야기》가 문과 감성 독자와 이과 감성 독자 모두에게 즐겁고 유익한 독서 경험을 제공했기를 바라 마지않습니다.

번역가인 저의 직업적 존재 이유는 오직 독자 여러분의 즐겁고 유의미한 독서에 있습니다. 귀한 시간을 내어 읽어 주신 이 책이 독자 여러분의 마음속 우주 어딘가에 작게나마 빛나는 기억으로 남기를 바랍니다. 감사합니다.

2024년 7월
윤재

# 우주를 읽는 키워드, 물리상수 이야기

### 4대 물리상수 $c, G, e, h$ 로 그려 보는 우주 그리고 우리

1판 1쇄 펴냄 2024년 9월 5일

지은이 | 고타니 다로
옮긴이 | 윤재

펴낸이 | 박미경
펴낸곳 | 초사흘달
출판신고 | 2018년 8월 3일 제382-2018-000015호
주소 | (11624) 경기도 의정부시 의정로40번길 12, 103-702호
이메일 | 3rdmoonbook@naver.com
네이버포스트, 인스타그램, 페이스북 | @3rdmoonbook

ISBN 979-11-977397-8-1 03420